Dampfturbinenkraftwerke kleiner und mittlerer Leistung

Von

Dr.-Ing. Fritz Aschner VDI

Mit 57 Textabbildungen

Berlin
Verlag von Julius Springer
1935

ISBN-13: 978-3-642-89505-0 e-ISBN-13: 978-3-642-91361-7
DOI:10.1007/978-3-642-91361-7

Softcover reprint of the hardcover 1st edition 1935

Vorwort.

Unter Auswertung der elektrizitätswirtschaftlichen Entwicklung der verschiedensten Länder aller Erdteile sowie der Eigenschaften der reihenmäßig hergestellten Ausrüstungsteile von Dampfkraftwerken bis rund 5000 kW Maschineneinheitsleistung wird in der vorliegenden Arbeit der Versuch unternommen, die Planungsgrundlagen für Kondensationsdampfturbinen-Kraftwerke kleiner und mittlerer Leistung zu klären und dabei die Unterschiede gegenüber den bei Großkraftwerken zu beachtenden Gesichtspunkten zu bestimmen.

Die Anregung zu der Untersuchung stammt aus meiner Tätigkeit in der AEG-Turbinenfabrik und der AEG-Übersee-Abteilung. Soweit Richtlinien für die Durchbildung von Kraftwerken aufgestellt sind, stellen sie jedoch lediglich persönliche Ansichten dar. Entsprechend der Art der Länder, für die Kraftwerke des untersuchten Leistungsbereiches vornehmlich in Frage kommen, ist einfache Ausführung der Bauten, Meßeinrichtungen, Rohrleitungen u. dergl. vorausgesetzt. Die angegebenen Kosten sind ausschließlich als Vergleichzahlen zu betrachten; sie sind ebenso wie die technischen Angaben auf gleiche Grundlage umgerechnete Durchschnittswerte aus Angeboten und Listen der verschiedensten Firmen sowie aus Ausschreibungsergebnissen.

Für Unterstützung bei der Durchführung der Untersuchung und vielfache Anregungen bin ich Herrn Professor Dr.-Ing. Baer und Herrn Professor Lotter, Breslau, zu besonderem Dank verpflichtet.

Berlin-Wilmersdorf
Bechstedter Weg 12, im Januar 1935.

F. Aschner.

Inhaltsverzeichnis.

I. Zweck und Umfang der Untersuchung.

Das Schrifttum des letzten Jahrzehntes enthält eine außerordentlich große Zahl von Abhandlungen über den Bau von Dampfturbinenkraftwerken; fast ausschließlich werden jedoch Großkraftwerke und andere technische Spitzenleistungen wie Höchstdruckanlagen, Grenzleistungsmaschinen, Spitzenkraftwerke u. dergl. behandelt. Die besonderen mit dem Bau von Kraftwerken kleiner und mittlerer Leistung zusammenhängenden Fragen werden dagegen kaum erörtert. Soweit kleinere Einheiten besprochen werden, sind es Neukonstruktionen, die für die zukünftige Entwicklung von Bedeutung sein mögen, für den Bau von Kraftwerken in Ländern, die weit von den Herstellungsfabriken liegen, jedoch noch nicht in Betracht kommen.

Obgleich also das technische Schrifttum der letzten Jahre den Bau normaler Kraftwerke kleiner und mittlerer Leistung vernachlässigt, ist dieses Gebiet insbesondere für alle weniger industrialisierten und Rohstoffländer und damit für die Ausfuhrindustrie von größter Bedeutung. Infolge der Eigenart der erwähnten Länder und durch die Besonderheiten kleiner Maschinen in konstruktiver wie in wirtschaftlicher Hinsicht entstehen aber für kleine Kraftwerke Fragen, die sich von den Problemen großer Kraftwerke grundlegend unterscheiden.

Der Anwendungsbereich von Dampfturbinenkraftwerken soll nach unten abgegrenzt und die vorliegenden Fragen sollen bis zu solchen Leistungen untersucht werden, bei denen ein wesentlicher Unterschied in den technischen und wirtschaftlichen Problemen gegenüber größeren Dampfkraftwerken nicht mehr besteht. Es werden Kraftwerke mit Maschineneinheiten bis zu 5000 kW Leistung behandelt, wobei es Sache der nachfolgenden Untersuchung ist, nachzuweisen, bei welchen Leistungen für die einzelnen erörterten Fragen die Unterschiede gegenüber Großkraftwerken verschwinden. Da nur Kraftwerke für öffentliche Stromversorgung besprochen werden sollen, wird die Untersuchung auf Kondensationsturbinen beschränkt. Ihrer Wichtigkeit entsprechend werden eingehäusige Axialturbinen besonders ausführlich behandelt. Selbstverständlich müssen in diesem Zusammenhang auch die Kesselhausausrüstung, die Wasserbeschaffung sowie die Gesamtanordnung und Gesamtwirtschaftlichkeit der Kraftwerke des behandelten Leistungsbereiches erörtert werden.

Die Untersuchung ist auch deshalb erforderlich, weil seit der Zeit, zu der diese Kraftwerke kleinerer und mittlerer Leistung auch für Deutschland von großer Bedeutung waren und daher viel besprochen wurden, wichtige und im Betrieb gut bewährte technische Neuerungen auf allen Gebieten des Baues kleinerer Dampfturbinenkraftwerke geschaffen wurden. Als besonders kennzeichnende Fortschritte dieser Art in den letzten Jahren seien die Entwicklung der Getriebedampfturbinen und der Ljungströmturbinen, der Kohlenstaubfeuerung und der Verdampfer- und Vorwärmanlagen erwähnt. Die Untersuchung kann von umso größerem allgemeinen Wert sein, als im Gegensatz zu größeren Kraftwerken die Ausrüstungsteile von Kraftwerken der behandelten Leistung von den bedeutenderen Firmen aller Länder in reihenmäßiger Ausführung geliefert werden.

Für sämtliche Kraftwerksteile, insbesondere auch für die Turbogeneratoren selbst, wurden die Erzeugnisse der verschiedensten deutschen und ausländischen Firmen zum Vergleich herangezogen, und es wurden hierfür neben Angeboten und Preislisten vor allem Ergebnisse internationaler Ausschreibungen ausgewertet. Die aufgetragenen Schaulinien stellen die auf diese Weise errechneten Mittelwerte dar.

Um die Wirtschaftlichkeit verschiedener Anordnungen und Konstruktionen zu prüfen, ist es in weitgehendem Maße nötig, Anschaffungskosten zu nennen. Selbstverständlich ist es dabei vollkommen unmöglich, Preise anzugeben, die für einen bestimmten Bedarfsfall gültig sind. Es wurde jedoch angestrebt, alle Preise auf gleiche Grundlage umzurechnen, so daß die genannten Anschaffungskosten der Einzelteile des Kraftwerkes untereinander in dem Verhältnis stehen, wie es sich in der Praxis ergeben wird, wenn sämtliche Lieferfirmen mit gleichem Nutzen und unter gleichen sonstigen Bedingungen wie Zoll, Währung und Transportentfernung anbieten. Die Errechnung der Transportkosten ist insofern vereinfacht, als der Bahntransport nach einem entfernten europäischen Land kaum billiger ist als die Schiffsfracht nach Übersee. Für die Baukosten und die Kosten für Montage und Kraftwerksbedienung, also Einflüsse, die von den örtlichen Verhältnissen abhängen, sind bestimmte Annahmen gemacht und angegeben, so daß eine Umrechnung für abweichende Bedingungen leicht möglich ist.

Zur Ermittlung der elektrizitätswirtschaftlichen Grundlagen, die für die Beurteilung der Wirtschaftlichkeit von Kraftwerken in dem untersuchten Leistungsbereich gelten, werden statistische Unterlagen über bestehende Kraftwerke ausgewertet.

Entsprechend der Lage der Länder, für die kleinere Kraftwerke vornehmlich in Frage kommen, wird die Arbeit auf Konstruktionen beschränkt, die auch in Kraftwerken, welche weit von den Herstellungsfabriken entfernt liegen, sich im Dauerbetrieb bewährt haben.

Die Untersuchung umfaßt die Kraftwerksausrüstung bis zu den Sammelschienen der Generatoren einschließlich deren Schaltern und der Schaltanlage für den Eigenbedarf, nicht aber die Schaltanlage für die Netzabzweige und die Haupttransformatoren, noch diese Transformatoren selbst, die bereits als Bestandteil des Netzes betrachtet werden können.

II. Bedeutung und Bemessung kleiner Kraftwerke.

A. Elektrifizierungsgrad der verschiedenen Länder und Erdteile.

Um die heutige Bedeutung von Dampfkraftwerken kleiner Leistung festzustellen und gleichzeitig einen Überblick über die Elektrizitätswirtschaft in verschiedenen Ländern und damit Grundlagen für die Planung neuer Werke zu erhalten, wurde an Hand der in- und ausländischen Statistik eine Übersicht über den Elektrifizierungsgrad der verschiedenen Länder und Erdteile zusammengestellt. Auf diese Weise gelang es, für sämtliche Erdteile und insgesamt 65 Länder die wichtigsten Angaben über die Entwicklung der Elektrizitätswirtschaft zu ermitteln. Das Ergebnis wird durch die Zahlentafeln I bis VII gezeigt. Neben der gesamten installierten Leistung sowie der Gesamtstromerzeugung ist für die einzelnen Länder die durchschnittliche Leistung pro Kraftwerk sowie der Anteil der unter besonderen Gesichtspunkten zu beurteilenden Wasserkraftwerke an der Stromerzeugung aufgetragen. Aus diesen Daten werden die pro 1000 Einwohner und die pro Quadratkilometer im Landesdurchschnitt installierten Kilowatt errechnet, außerdem die pro Einwohner und Jahr erzeugten Kilowattstunden, sowie der aus den erwähnten Daten sich ergebende mittlere Ausnutzungsfaktor $n = \frac{\text{kWh}}{8760 \cdot \text{kW}_{\text{inst}}}$ der Kraftwerke des Landes bezw. des Erdteiles. Die pro 1000 Einwohner installierten $\text{kW i} = \text{kW}_{\text{inst}}/1000$ Einw. sind ein Maßstab für den Elektrifizierungsgrad des Landes, die pro km^2 installierten kW lassen einen Rückschluß darauf zu, ob das betreffende Land für Überlandzentralen oder örtliche Kraftwerke geeigneter ist.

Neben den Angaben für das gesamte Land sind jeweils Einzelangaben für die Hauptstadt bezw. das wichtigste Industriezentrum jedes Landes aufgetragen. Der Vergleich der Zahlen für den

Europa 1930/31 — Zahlentafel I

Nr.	Land (geordnet nach KW inst/1000 Einw.)	Einwohnerzahl 1000	Km^2 1000	Einwohner pro Km^2	Installierte Leistung in 1000 KW	Durchschnittl. Leistung pro Kraftwerk KW	i_m = KW inst. / 1000 Einw.	KW inst. / Km^2	Gesamte Stromerzeugung 10^6 KWh	Wasserkraft-KWh %	KWh / Einw.	Mittlerer Ausnutzungsfaktor $n = \frac{KWh}{8760 \cdot KW_i}$
1	Deutsches Reich	63180	471	134,3	13168	5025 (öffentl.) 1890 (einschl. Eigenanl.)	208	27,9	28914	14	448	0,246
2	Norwegen	2814	322	8,7	1690	780	603	5,3	8900	100	3160	0,600
3	Schweiz	4066	41	98,5	1580	—	389	36,6	5300	95	1302	0,382
4	Schweden	6141	448	13,7	1540	—	251	3,4	5117	92	834	0,376
5	Großbritannien	44789	228	196,2	9640	1540	215	42,2	16570	0	370	0,197
6	Belgien	8092	30	265,8	1730	—	214	57,5	4395	0	543	0,290
7	Frankreich x)	41835	551	75,9	7921	—	189	14,4	15339	42	368	0,222
8	Österreich	6534	84	77,9	1160	5500	178	13,8	2450	74	375	0,241
9	Finnland x)	3667	388	9,4	460	480	125	1,2	1205	72	328	0,300
10	Italien x)	41230	310	132,9	4850	785	118	15,6	10970	97	266	0,257
11	Niederlande	7920	34	241,4	780	—	99	22,9	1945	0	246	0,284
12	Tschechoslowakei	14726	140	104,9	1440	870	98	10,3	3401	0	231	0,269
13	Dänemark	3550	43	82,7	246	460 (225 pro inst. Masch.)	69,5	5,7	580	—	164	0,270
14	Spanien	21390	505	42,3	1285	—	60	2,6	3686	87	173	0,329
15	Ungarn	8684	93	93,4	400	—	46	4,3	855	—	98,5	0,244

Landeshauptstadt (bezw. Industriezentrum)

Nr.	Name	Einwohner 1000	KW inst (ev. anteilig) 1000	KW inst. / 1000 Einw.	Abnehmer 1000	Abnehmer KWa 1000	KWa / KW inst.	KW max. / 1000 Einw.	r = KW inst / KW max.	KW max. / KWa	KWh / Einw.	Ausnutzungsfaktor n	Jahresbelastungsfaktor m
1	Berlin (1929)	4315	1115	258 (einschl. Golpa)	975	—	—	139	1,85	—	370	0,164	0,266
2	Oslo	253	60	337 + Überlandnetz	95	258	—	358	—	0,351	1775	—	0,565
3	Zürich	270	82	304	113	180	2,2	162	1,88	0,244	512	0,192	0,36
4	Stockholm	514	195	380	174	—	—	163	2,43	—	(359 verk.) 790 erz.	0,248	0,555
5	London	4550	—	—	—	—	—	—	—	—	402	—	—
6	Brüssel	213 (810)	(171)	211	27,5	—	—	158	1,33	—	304	0,164	0,22
7	Paris	4665	—	—	—	—	—	163	—	—	374	—	0,262
8	Wien	1850	237	128	620	696	2,94	95	1,35	0,252	292	0,26	0,352
9	Helsingfors	234	30,5	130	70	79	2,6	97	1,34	0,288	273	0,24	0,322
10	Rom Mailand	1008 992	162 230	161 232	197 —	— —	— —	82 174	1,97 1,33	— —	345 600?	0,245 0,296	0,48 0,395
11	Amsterdam	761	192	252	211	—	—	108	2,33	—	294	0,133	0,31
12	Prag	848	—	—	245	208	—	71 + Bew.	—	—	251	—	—
13	Kopenhagen	626	—	—	129	—	—	105	—	—	217	—	0,236
14	Madrid	834	—	—	65	—	—	37	—	—	158	—	0,488
15	Budapest	1080	—	—	222	289	—	83	—	0,311	232	—	0,319

Quellen zu Zahlentafel I–VII: Literatur-Verzeichnis Nr. 3, 21, 22, 27, 28, 30, 31, 38–59

x) Nur öffentliche Werke

Europa 1930/31 (Fortsetzung)

Zahlentafel II

Nr.	Land (geordnet nach KW inst/1000 Einw.)	Einwohnerzahl 1000	Km^2 1000	Einwohner pro Km^2	Installierte Leistung in 1000 KW	Durchschnittsleistung pro Kraftwerk KW	$i_m = \frac{KW\ inst.}{1000\ Einw.}$	$\frac{KW\ inst.}{Km^2}$	Gesamte Stromerzeugung 10^6 KWh	Wasserkraft-KWh %	$\frac{KWh}{Einw.}$	Mittlerer Ausnutzungsfaktor $n = \frac{KWh}{8760 \cdot KW}$
16	Polen	32 132	338	82,7	1270	930	39,6	3,3	2931	2	92	0,265
17	Jugoslawien	13 930	248	56,0	447	725	32	1,8	777	43	55,9	0,199
18	Irland 1932 x)	2 971	69	43,1	86	6200 (Shannon)	29	1,2	165	85	55,6	0,219
19	Portugal	6655	92	72,4	185	470	27,8	2,0	268	35	40,3	0,166
20	Lettland	1900	68	28,9	49	480	25,8	0,7	95	3	50	0,221
21	Litauen	2029	53	38,1	—	—	—	—	22	—	10,8	—
22	Rumänien	18025	295	61,1	305	410	16,9	1,1	550	45	30,5	0,206
23	Estland	1107	48	23,3	18	1100	16,3	0,38	23	3,3	20,8	0,145
24	Rußland (U.d.S.S.R.) (europ.-asiatisch)	147028	21175	19,3	2344	—	15,9	0,11	8231	—	56	0,402
25	Griechenland	6205	130	47,7	75	1780	12,1	0,58	90	—	14,5	0,137
26	Bulgarien	5479	103	53,1	54	365	9,9	0,53	95	31	17,3	0,200
27	Albanien	1005	28	36,5	1,9	180	1,94	0,07	—	—	—	—
1-27	Summe				51963,9				122601			
	Europa xx)	494000	11400	43,3	53500	—	108	4,7	126000	—	255	0,270

Landeshauptstadt (bezw. Industriezentrum)

Nr.	Name	Einwohner 1000	KW inst (ev. anteilig) 1000	$\frac{KW\ inst}{1000\ Einw.}$	Abnehmer 1000	Abnehmer KWa 1000	$\frac{KWa}{KW\ inst}$	$\frac{KW_{max}}{1000\ Einw.}$	$r = \frac{KW\ inst.}{KW\ max.}$	$\frac{KW_{max}}{KW_a}$	$\frac{KWh}{Einw.}$	Ausnutzungsfaktor n	Jahresbelastungsfaktor m
16	Warschau	1179	87	74	162	115	1,32	—	—	—	145	0,224	—
17	Belgrad	292	100	—	—	—	—	—	—	—	167	0,191	—
18	Dublin	419	—	—	angeschlossen an Shannon-Wasserkraftwerk								—
19	Lissabon	587	69	117	85	74	1,08	—	—	—	136	0,133	—
20	Riga	378	35	92	70	63	1,8	56	1,64	0,336	130	0,161	0,264
21	Kowno	95	—	—	—	—	—	—	—	—	—	—	—
22	Bukarest	631	58	93	—	—	—	—	—	—	145	0,179	—
23	Reval	133	7	53	—	—	—	—	—	—	95	0,204	—
24	Moskau	2026	316	156	—	—	—	—	—	—	280	0,205	—
25	Athen einschl. Piräus	700	46	66	85	80	1,74	39	1,69	0,341	135	0,234	0,397
26	Sofia	260	24	93	47	38	1,58	48	1,94	0,328	143	0,176	0,27
27	Tirana	10,5	0,76	72	—	—	—	—	—	—	—	—	—

x) Nur öffentliche Werke xx) Differenz geschätzt

Nordamerika und Mittelamerika 1929/30

Zahlentafel III

Nr.	Land (geordnet nach KW_{inst}/1000 Einw.)	Einwohnerzahl 1000	Km^2 1000	Einwohner pro Km^2	Installierte Leistung in 1000 KW	Durchschnittl. Leistung pro Kraftwerk KW	$i_m = \frac{KW_{inst.}}{1000\ Einw.}$	$\frac{KW_{inst.}}{Km^2}$	Gesamte Stromerzeugung 10^6 KWh	Wasserkraft-KWh %	$\frac{KWh}{Einw}$	Mittlerer Ausnutzungsfaktor $\frac{KWh}{n = 8760 \cdot KW_i}$
								a) Nordamerika				
1	Kanada 1928 (ohne Neufundland)	10 374	9556	1,09	4050	—	391	0,42	17530	98	1834	0,535
2	USA 1930	122 775	7841	15,66	37 000	9350	303	4,7	115900	39	966	0,364
3	Mexico	16404	1969	8,33	490	790	30,2	0,25	1800	57	110	0,415
								b) Mittelamerika				
1	Cuba	3607	114	31,50	155	2925 (ohne Habana 1340)	43	1,36	—	—	—	—
2	Costa Rica 1926	471	58	8,13	14,6	345	31	0,25	—	—	—	—
3	Guatemala	2005	110	18,27	21	810	10,5	0,19	—	—	—	—
4	Honduras	860	154	5,57	4,9	350	5,7	0,32	—	—	—	—
5	Nikaragua	638	118	5,39	2,9	485	4,5	0,025	—	—	—	—

Landeshauptstadt (bezw. Industriezentrum)

Nr.	Land	Name	Einwohner 1000	$KW_{inst.}$ der Anteil 1000	$\frac{KW_{inst.}}{1000\ Einw.}$	Abnehmer 1000	Abnehmer $\frac{KW_a}{1000}$	$\frac{KW_a}{KW_{inst.}}$	$\frac{KW_{max}}{1000\ Einw.}$	$r = \frac{KW_{inst.}}{KW_{max.}}$	$\frac{KW_{max}}{KW_a}$	$\frac{KWh}{Einw}$	Ausnutzungsfaktor n	Jahresbelastungsfaktor m
		a) Nordamerika												
1	Kanada	Montreal	(811) Mit Bezirk 2300	72	314	—	—	—	—	—	—	1420	0,516	—
2	USA	New York Chicago	7341 3308	460 410	460 410	2119 1018	— 3200	— 2,36	182 303	2,52 1,35	— 0,31	640 1155	0,159 0,321	0,40 0,432
3	Mexico	Mexico-City	(968) 1375	154	154	178	—	—	82	1,88	—	490	0,363	0,683
		b) Mittelamerika												
1	Cuba	Habana	432 (540	75	177	54	93	1,22	69	2,56	0,32	276	0,178	0,456
2	Costa Rica	San José	51	10,3	202	9,6	12,4	1,20	182	1,11	0,75	426	0,241	0,268
3	Guatemala	Guatemala-City	(121) 182	8	44	9,5	12,4	1,55	21	2,1	0,307	113	0,294	0,62
4	Honduras	Tegucigalpa	8	—	—	—	—	—	—	—	—	—	—	—
5	Nikaragua	Managua	40	1,5	37	2,2	1,1	0,94	17	2,2	0,62	70	0,215	0,47

Südamerika 1929/30

Zahlentafel IV

Nr.	Land (geordnet nach KWinst/1000 Einw.)	Einwohnerzahl 1000	km^2 1000	Einwohner pro km^2	Installierte Leistung in 1000 KW	Durchschnittl. Leistung pro Kraftwerk KW	$i_m = \frac{KW_{inst.}}{1000\ Einw.}$	$\frac{KW_{inst.}}{Km^2}$	Gesamte Stromerzeugung 10^6 KWh	Wasserkraft-KWh %	$\frac{KWh}{Einw.}$	Mittlerer Ausnutzungsfaktor $\frac{KWh}{n = 8760 \cdot KW_i}$
1	Argentinien	11658 1)(9505)	2797	4,17	639 1)(202)	1210 1)(390)	54,9 1)(21,3)	0,23 1)(0,073)	1420 1)(620)	—	130 1)(65)	0,27 1)(0,349)
2	Uruguay 1930	1903	187	10,18	62 2)(7) 1932: 112	2150 2)(250)	31,5 2)(5,3) 1932: 58	0,33 2)(0,038)	170,5 2)(9,5)	—	88,5 2)(7,3)	0,32 2)(0,157)
3	Chile 1926	4287	742	5,78	102	1350	23,8	0,14	245	—	57	0,274
4	Brasilien	30636	8494	3,61	470	950	15,3	0,056	1300	86	42,5	0,315
5	Venezuela	3026	1020	2,97	32	790	10,4	0,030	—	—	—	—
6	Peru	6147	1378	4,46	44,5	4450 3)(1660)	7,3	0,032	—	—	—	—
7	Bolivien	2972	1332	2,23	18,2	1500	6,2	0,014	—	—	—	—
8	Paraguay	844	419	2,02	3,9	780 4)(100)	4,6	0,093	—	—	—	—
9	Ecuador	2500	451	5,54	11,0	405	4,4	0,024	—	—	—	—
10	Columbien	7851	1201	6,53	15,5 5)(3,3)	980 5)(340)	2,0 5)(0,45)	0,013	—	—	—	—
	Summe				43131				138365			
	Amerika x)	248000	43000	5,8	44000	—	177	1,02	143000	—	580	0,372

Nr.	Landeshauptstadt (bezw. Industriezentrum): Name	Einwohner 1000	KWinst. (bez. anteilig) 1000	$\frac{KW_{inst.}}{1000\ Einw.}$	Abnehmer 1000	Abnehmer KWa 1000	$\frac{KWa}{KW_{inst.}}$	$\frac{KW_{max.}}{1000\ Einw.}$	$r = \frac{KW_{inst.}}{KW_{max.}}$	$\frac{KW_{max}}{KWa}$	$\frac{KWh}{Einw.}$	Ausnutzungsfaktor n	Jahresbelastungsfaktor m
1	Buenos Aires	2153	436	203	307	915	2,10	101	2,0	0,24	372	0,21	0,42
2	Montevideo	540	55 (1932: 105)	102 (1929)	134	139	2,52	73	1,4	0,28	290	0,324	0,454
3	Santiago	696	84	121	131	190	2,26	101	1,20	0,369	286	0,27	0,324
4	Rio de Janeiro	(1469) 2000	118	59	156	305	2,58	38	1,55	0,25	190	0,367	0,57
5	Caracas	135	16	118	—	—	—	—	—	—	—	—	—
6	Lima mit Callao	430	16,5	38	47	41	2,48	33	1,15	0,35	151	0,454	0,52
7	La Paz	147	9,4	64	8	—	—	—	—	—	113	0,202	—
8	Asuncion	143	3,4	24	—	—	—	—	—	—	51	0,243	—
9	Guayaquil Quito	120 100	6,5 3,2	54 32	8,4 5	5,9 2,4	0,91 0,75	21 —	2,57 —	0,43 —	64 60	0,135 0,214	0,346 —
10	Bogotá	235	12,2	52	26	17	1,40	30	1,74	0,41	156	0,342	0,595

1) Ohne Buenos Aires
2) Ohne Montevideo
3) Ohne 30000 kW Wasserkraftwerk: 1660 KW
4) Ohne Asuncion
5) Ohne Bogotá

x) Differenz geschätzt

Asien 1930/31

Zahlentafel V

Nr.	Land (geordnet nach KW inst/1000 Einw.)	Einwohnerzahl 1000	Km² 1000	Einwohner pro Km²	Installierte Leistung in 1000 KW	Durchschnittl. Leistung pro Kraftwerk KW	i_m = KW inst./1000 Einw.	KW inst./Km²	Gesamte Stromerzeugung 10^6 KWh	Wasserkraft-KWh %	KWh/Einw	Mittlerer Ausnutzungsfaktor KWh, $n = \frac{}{8760 \cdot KW}$	Landeshauptstadt (bezw. Industriezentrum): Name	Einwohner 1000	KW inst (ev. anteilig) 1000	KW inst/1000 Einw.	Abnehmer 1000	KWa 1000	KWa/KW inst	KW max/1000 Einw	r = KW inst./KW max.	KW max./KWa	KWh/Einw	Ausnutzungsfaktor n	Jahres-belastungsfaktor m
1	Japan 1929 (ohne Kolonien)	64447	382	135,2	4194	—	65,5	0,95	11977	86	193	0,336	Tokio Osaka	2070 2300	145 138	70 60	— 655	— 556	— 4,05	61,4 —	1,14 —	— —	270 195	0,44 0,37	0,50 —
2	Malayen-Staaten	3751	247	15,2	117	—	31,2	0,47	219	—	58	0,212	Singapore	575	34	59	—	32,6	0,96	25,3	2,33	0,45	67	0,13	0,31
3	Palästina	1035	23	44,4	21	—	20,3	0,92	14	—	13,5	0,075	Jerusalem Haifa	63 40	— —	angeschlossen an Ruthenberg-Wasserkraftwerk								—	—
4	Türkei (einschl. europ. Teil)	13648	762	17,9	87 1)(17)	3100 1)(630)	6,4 1)(1,35)	0,114 1)(0,022)	114 1)(31,5)	—	8,4 1)(2,4)	0,150 (0,203)	Istanbul	718	70,5	98	74	73,5	1,04	29	3,4	0,28	115	0,13	0,45
5	Irak 1933	2849	371	7,7	9,5	620	3,3	0,026	—	—	—	—	Bagdad	270	1,5 1933: 6,5	5,6 (24)	4,4	2,9	1,9	3,3	2,2	0,24	—	—	—
6	Niederl.-Indien x)	60731	1900	32,0	169	—	2,8	0,089	126	—	2,1	0,086	Batavia	437		angeschlossen an Wasserkraftwerk									
7	Siam	11506	518	22,2	22	730 2)(80)	1,9 2)(0,22)	0,043	—	—	—	—	Bangkok	700	19	27	—	—	—	—	—	—	—	—	—
8	China 1932 (einschl. Mandschurei)	474000	11081	42,8	893	1350	1,9	0,081	2475	—	5,2	0,313	Shanghai Canton	2674 950	250 23	94 24	96 67	346 —	1,36 —	— 18,4	— 1,3	— —	332 74	0,404 0,352	— 0,456
9	Britisch-Indien	352838	4675	75,5	635	7900	1,8	0,14	—	—	—	—	Calcutta Bombay	1328 1298	143 230	108 180	48 55	158 234	1,1 1,06	40 —	2,7 —	0,34 —	69 —	0,073 —	0,197 —
10	Persien	9000	1643	5,5	2,7 3)(16,7)	70 4)	0,3 4)	0,0016 4)	—	—	—	—	Teheran	220	1,05	4,8	—	—	—	—	—	—	—	—	—
11	Afghanistan	12000	650	18,5	1,5	1500	0,13	0,0023	—	—	—	—	Kabul	140	1,5	10,7	—	—	—	—	—	—	—	—	—
12	Syrien	—	—	—	—	—	—	—	—	—	—	—	Beyrut	100	0,36	3,6	—	0,9	2,5	—	—	—	—	—	—
	Summe				6151,7																				
	Asien xx)	1112000	42000	26,5	6200	—	5,6	0,15	17000	—	15,3	0,312													

x) Nur öffentliche Werke xx) Differenz geschätzt

1) Ohne Istanbul
2) Ohne Bangkok
3) Einschl. Kraftwerk Abadan (Anglo-Persian Oil Co.)
4) Ohne " " " " "

Australien 1929/30

Zahlentafel VI

Nr.	Land (geordnet nach KWinst/1000 Einw.)	Einwohnerzahl 1000	km^2 1000	Einwohner pro Km^2	Installierte Leistung in 1000 KW	Durchschnittl. Leistung pro Kraftwerk KW	$i_m = \frac{KW inst.}{1000\ Einw.}$	$\frac{KW inst.}{Km^2}$	Gesamte Stromerzeugung 10^6 KWh	Wasserkraft-KWh %	$\frac{KWh}{Einw.}$	Mittlerer Ausnutzungsfaktor $n = \frac{KWh}{8760 \cdot KW_i}$
1	Australien (Kontinent einschl. Tasmanien)	6476	7703	0,84	965,9	3090	149	0,125	2436	–	376	0,288
2	Tasmanien	214	68	3,15	69,1	7690	321	1,02	–	–	–	–
3	Neusüdwales	2400	801	2,99	509,9	6380	212	0,635	–	–	–	–
4	Victoria	1741	227	7,7	264,3	3155	152	1,16	–	–	–	–
5	Neuseeland	1344	1344	5,05	146,4	3580	109	0,55	–	77	290	0,303
6	Westaustralien	392	2530	0,155	40,9	770	104	0,016	–	–	–	–
7	Südaustralien	575	987	0,58	58,8	1780	102	0,06	–	–	–	–
8	Queensland	899	1735	0,52	62,8	1605	70,3	0,036	–	–	–	–
9	Nordaustralien	4,3	1355	0,0032	0,09	90	21	0,000016	–	–	–	–
	Australien	9000	8600	1,0	1125	–	12,5	0,13	2850	-	317	0,290
	(einschl. Tasmanien, Neuseeland und Polynesien)											

Landeshauptstadt (bezw. Industriezentrum)

Nr.	Name	Einwohner 1000	KW inst. (für ...) 1000	$\frac{KW inst.}{1000\ Einw.}$	Abnehmer 1000	Abnehmer $\frac{KWa}{1000}$	$\frac{KWa}{KW inst.}$	$\frac{KW max.}{1000\ Einw.}$	$r = \frac{KW inst.}{KW max.}$	$\frac{KW max.}{KWa}$	$\frac{KWh}{Einw.}$	Ausnutzungsfaktor η	Jahresbelastungsfaktor m
1		–	–	–	–	–	–	–	–	–	–	–	–
2	Hobart	55	15,5	282	13,7	34	2,2	118	2,8	0,162	330	0,134	0,376
3	Sydney	1254	177	221	234	660	2,38	-	–	–	515	0,266	–
4	Melbourne	1033	182	176	–	–	–	–	–	–	364	0,236	–
5	Auckland	217	32	190	49	187	4,55	148	1,29	0,170	670	0,403	0,52
6	Perth	205	32	157	38	–	–	72	2,18	–	270	0,196	0,427
7	Adelaide	377	55	146	83	165	3,0	56	2,60	0,128	184	0,144	0,375
8	Brisbane	313	47	151	–	125	2,66	45	3,35	0,112	183	0,139	0,266
9	Port Darwin	–	0,09	–	–	–	–	–	–	–	–	–	–

Afrika 1928/30 — Zahlentafel VII

Nr.	Land (geordnet nach KWinst/1000 Einw.)	Einwohnerzahl 1000	Km^2 1000	Einwohner pro km^2	Installierte Leistung in 1000 KW	Durchschnittl. Leistung pro Kraftwerk KW	$i_m = \frac{KW_{inst}}{1000 Einw.}$	$\frac{KW_{inst.}}{Km^2}$	Gesamte Stromerzeugung 10^6 KWh	Wasserkraft-KWh %	$\frac{KWh}{Einw.}$	Mittlerer Ausnutzungsfaktor $n = \frac{KWh}{8760 \cdot KW_i}$
1	Südafrikanische Union	6 928	1222	5,67	705	7600	102	0,59	2 454	—	316	0,354
2	Algerien (einschl. Südbez.)	6 553	2195	2,99	138	2900	21,1	0,053	134	—	20	0,108
3	Marokko	5057	420	12,04	55	2300	10,8	0,131	—	—	—	—
4	Ägypten (Bebaute Fläche)	14 177	35 1)	403,3	106	2040	7,5	3,03	102	—	7,2	0,110
5	Portug. Ostafrika (Mocambique)	3514	771	4,6	2,8	400	0,8	0,004	—	—	—	—
6	Abessinien	10000	800	12,5	0,6	200	0,06	0,00075	—	—	—	—
	Summe				1007,4				2690			
	Afrika x)				1100				3125			
		Einw. 10^6	Km^2 10^6	Gesamte Erde								
1	Europa	494	11,4	43,3	53 500		108	4,7	126000	–	255	0,270
2	Amerika	248	43	5,8	44000		177	1,02	143000	–	580	0,372
3	Australien	9	8,6	1,0	1125		12,5	0,13	2850	–	317	0,290
4	Afrika	143	29	4,9	1100		7,7	0,04	3125	–	21,8	0,324
5	Asien	1112	42	26,5	6200		5,6	0,15	17000	–	15,3	0,312
	Erde 1930	2006	134	81,5	105925		53	0,74	291 975	–	146	0,314

Landeshauptstadt (bezw. Industriezentrum)

Nr.	Name	Einwohner 1000	KW_{inst} für Landeshauptst. 1000	$\frac{KW_{inst.}}{1000 Einw.}$	Abnehmer 1000	Abnehmer $\frac{KW_a}{1000}$	$\frac{KW_a}{KW_{inst.}}$	$\frac{KW_{max}}{1000 Einw}$	$r_2 = \frac{KW_{inst.}}{KW_{max.}}$	$\frac{KW_{max}}{KW_a}$	$\frac{KWh}{Einw.}$	Ausnutzungsfaktor n	Jahresbelastungsfaktor m
1	Johannesburg	336	52,5	156	36	—	—	75	2,08	—	3,17	0,232	0,483
2	Algier	226	–	—	—	—	—	—	—	—	—	—	—
3	Marrakesch	194	4,3	22,2	3,2	2,7	0,83	6,3	3,52	0,45	—	—	—
4	Cairo	1065	41,5	39	—	—	—	—	—	—	—	—	—
5	Lourenco Marques	14	2	143	—	—	—	—	—	—	—	—	—
6	Addis Abeba	50	0,5	10	—	—	—	—	—	—	—	—	—

1) Einschl. Wüste: 994 km^2

x) Differenz geschätzt

Landesdurchschnitt und für die Hauptstadt, die im allgemeinen der am stärksten elektrifizierte Punkt des Landes ist, gibt einen guten Anhalt für den Grad der Gleichmäßigkeit der Elektrifizierung. Diesem Zweck entsprechend sind in solchen Ländern, in denen die Regierungshauptstadt von geringerer wirtschaftlicher Bedeutung ist, die elektrizitätswirtschaftlichen Daten für die am stärksten industrialisierte Stadt angegeben. So sind z. B. für die Vereinigten Staaten von Nordamerika Angaben nicht für Washington, sondern für New York und Chicago gemacht, für die Schweiz nicht für Bern, sondern für Zürich, für die Niederlande nicht für Den Haag, sondern für Amsterdam, für Italien neben Rom für Mailand, für China nicht für Nanking, sondern für Shanghai und Canton usw.

Es wurden die Zahlen für das Jahr 1930 bezw., wenn für dieses Jahr die Zahlen nicht zu erhalten waren, für 1928, 1929 oder 1931 zusammengestellt, da die Weltkrise in den nachfolgenden Jahren an den verschiedensten Stellen auch die Elektrizitätswirtschaft empfindlich in Mitleidenschaft gezogen hat, so daß die Zahlen für die Jahre nach 1931 vielfach nicht charakteristisch sind. Die Angaben der Zahlentafeln bedürfen keiner näheren Erläuterung. Bei den Landeshauptstädten bezw. Industriezentren sind neben den für die Länder ermittelten elektrizitätswirtschaftlichen Werten noch die Zahlen der Anschlüsse (Zählerzahl) sowie die Anschlußwerte (kW_a) eingetragen, außerdem die Spitzenleistung pro 1000 Einwohner (kW_{max}/1000 Einw.) und der hieraus und aus der jährlichen Stromerzeugung pro Einwohner errechenbare Jahresbelastungsfaktor $m = \frac{kWh}{8760 \cdot kW_{max}}$ und der Reservefaktor $r = \frac{kW_{inst}}{kW_{max}}$. Die Zusammenstellung ergibt, daß 1930 auf der ganzen Erde ungefähr 106 Millionen kW installiert waren, d. h. 53 kW pro 1000 Menschen, während die Gesamtstromerzeugung rd. 292 Milliarden kWh betrug, d. h. 146 kWh pro Mensch und Jahr. Der mittlere Ausnutzungsfaktor der Kraftwerke der Erde betrug demnach rd. 31%. An der Gesamtstromerzeugung der Erde sind die Vereinigten Staaten von Nordamerika allein mit rd. 40% beteiligt, ganz Europa mit rd. weiteren 43%. Das am stärksten elektrifizierte Land der Erde ist Norwegen mit $i_m = 603$ kW_{inst} pro 1000 Einwohner, durchweg Wasserkraft, während Deutschland $i_m = 208$ kW_{inst} pro 1000 Einwohner hat, wobei rd. 14% der deutschen Gesamtstromerzeugung aus Wasserkraftwerken stammen.

Von allen europäischen Ländern hat den niedrigsten Elektrifizierungsgrad Albanien mit $i_m = 1{,}9$ $kW_{inst}/1000$ Einw., während von allen Ländern, von denen Angaben vorliegen, Abessinien mit $i_m = 0{,}06$ $kW_{inst}/1000$ Einw. am wenigsten elektrifiziert ist. Die Stromversorgung von Persien (ohne das große restlos für Eigenbedarf gebaute Kraftwerk der Anglo-Persian-Oil Company in Abadan) ist erstaunlicherweise mit $i_m = 0{,}3$ $kW_{inst}/1000$ Einw. nicht wesentlich stärker entwickelt. In Persien stehen allerdings größere Kraftwerksbaupläne vor der Verwirklichung.

Die Angaben über die durchschnittliche Leistung pro Kraftwerk zeigen, daß der Landesdurchschnitt mit Ausnahme der besonders hoch elektrifizierten Länder (Deutschland, U.S.A., Südafrika, Australien) bezw. solcher Länder, in denen große Wasserkräfte für Überlandzentralen verfügbar sind (Österreich, Irland, Peru, Tasmanien) meist unter 1000 kW liegt. Die Bedeutung von Dampfkraftwerken kleiner Leistung ergibt sich ferner schon daraus, daß in sehr vielen Ländern nur Kohle als wirtschaftlicher Brennstoff in Frage kommt. Aus den vielfach sehr niedrigen Werten der pro km^2 installierten kW ist ersichtlich, daß für viele wichtige Länder ein Bau von Überlandzentralen zum Ersatz von örtlichen kleinen Kraftwerken auf absehbare Zeit nicht in Frage kommt.

Trotz kleiner Werte der pro km^2 installierten Leistung können in kleinen Ländern, in denen also Übertragungsleitungen nur eine begrenzte Länge haben, Überlandzentralen wirtschaftlich sein. Es seien das Rio Negro-Projekt in Uruguay und das Ruthenberg-Kraftwerk in Palästina erwähnt.

Vielfach haben Länder mit besonders hohem Anteil von Wasserkraftwerken an der Stromerzeugung wie Norwegen und Kanada einen besonders hohen Ausnutzungsfaktor der Kraftwerke, da chemische Industrien in diesen Ländern in großem Umfange aufgebaut wurden und außerdem der Strom infolge günstiger Tarife in weitestgehendem Maße auch für Kochzwecke und sonstige Haushaltsbedürfnisse Verwendung finden kann.

Um sich ein Bild über den bei Dampfkraftwerken zu erwartenden mittleren Ausnutzungsfaktor zu machen, ist es daher notwendig, den Anteil der Wasserkraftwerke an der Stromerzeugung des Landes zu beachten.

Soweit bei den angeführten Hauptstädten oder Industriezentren das städtische Kraftwerk eine über den Stadtbezirk hinausgehende Einwohnerzahl versorgt, ist nur der auf die Stadt selbst entfallende Leistungsanteil (kW_{inst} und kW_{max}) angegeben.

In Ergänzung der Angaben für alle Arten von Kraftwerken für die verschiedenen Länder, wie sie aus Zahlentafel I bis VII hervorgehen, sind noch die folgenden Angaben über die Durchschnittsgrößen der Dampfkraftwerke bezw. der einzelnen im Lande vorhandenen Stromerzeuger bemerkenswert.

Zahlentafel VIII [1]).

Durchschnittsleistung von Dampfkraftanlagen.

Land und Jahr	Maschinenart bezw. Art des Kraftwerks	Zahl	Gesamtleistung kW	Durchschnittsleistung kW
Deutsches Reich 1925	Stromerzeuger	44 854	9 978 574	222
USA 1927	Dampfmaschinen und Dampfturbinen	73 832	12 450 000	169
USA 1927	Stromerzeuger	19 028	7 346 000	386
USA 1929	Dampfturbinenkraftwerke	1 439	25 450 242	17 700
Schweden 1928	Dampfturbinen	533	280 000	525
China (einschl. Mandschurei) 1930	Dampfturbinenkraftwerke	132	602 990	4 560
"	"	124	729 675	5 975
"	Dampfturbinen	297	729 675	2 450

Für einige Länder kann auch der mittlere Ausnutzungsfaktor der Wärmekraftwerke allein errechnet werden. In den Ländern,

Zahlentafel IX [2]).

Ausnutzungsfaktor von Wärmekraftwerken (1930).

Land	$\frac{kW_{inst}}{1000}$	10^6 kWh	% der Gesamterzeugung	Ausnutzungsfaktor $n = \frac{kWh}{8760 \cdot kW_{inst}}$
Deutsches Reich (nur öffentl. Werke) 1931	7 899	11 511	80,1	0,168
Frankreich	5 593	8 403	55,2	0,173
Italien	810	300	2,7	0,042
Rumänien	153	262	86,1	0,196
Portugal	140	170	65,4	0,139
Spanien	325	493	15,5	0,173
USA	25 187	62 915	65,6	0,285
Japan	1 012	1 647	13,8	0,116

[1]) Lit.-Nachw. Nr. 31, 38, 40, 59.
[2]) Lit.-Nachw. Nr. 38, 39, 58.

in denen der Strombedarf hauptsächlich durch Wasserkraftwerke gedeckt wird, ist der Ausnutzungsfaktor der Wärmekraftwerke verständlicherweise besonders niedrig, da die Wärmekraftwerke nur als Reserve dienen.

Der Ausnutzungsfaktor der Wärmekraftwerke, die für die Stromversorgung von Großstädten dienen, liegt meist verhältnismäßig niedrig. So betrug der Ausnutzungsfaktor des Großkraftwerkes Klingenberg [1]) bei Lieferung von rd. 55% des Gesamtstrombedarfs von Groß-Berlin im Jahre 1930 nur n = rd. 0,35, obgleich dieses Kraftwerk von der Bewag als Grundlastwerk gefahren wird. Der Jahresbelastungsfaktor des Großkraftwerks Klingenberg für 1930 betrug m = rd. 0,65.

Um den Überblick über die folgenden Ausführungen und die Kurven-Darstellungen zu erleichtern, werden die verwendeten elektrizitätswirtschaftlichen Begriffe und Abkürzungen zusammengefaßt:

$i = kW_{inst}/1000$ Einw.	= Pro 1000 Einwohner installierte Kraftwerksleistung.
$kW_{max}/1000$ Einw.	= Höchste Jahresspitze pro 1000 Einwohner.
kWh/Einw.	= Pro Einwohner und Jahr erzeugte Kilowattstunden.
kW_{inst}/km^2	= Pro km^2 im Landesdurchschnitt installierte Kraftwerksleistung.
kW_a	= Anschlußwert = Summe der Nennleistung der an das Kraftwerk angeschlossenen Lampen, Geräte und Maschinen.
$n = \frac{kWh}{8760 \cdot kW_{inst}}$	= Jahresausnutzungsfaktor.
$m = \frac{kWh}{8760 \cdot kW_{max}}$	= Jahresbelastungsfaktor.
$r = \frac{kW_{inst}}{kW_{max}} = \frac{m}{n}$	= Reservefaktor.

α = Prozentsatz der geometrischen Progression der jährlichen Stromverbrauchszunahme bezw. der kW-Zunahme.

---

[1]) Lit.-Nachw. Nr. 48.

B. Größengliederung der bestehenden Kraftwerke.

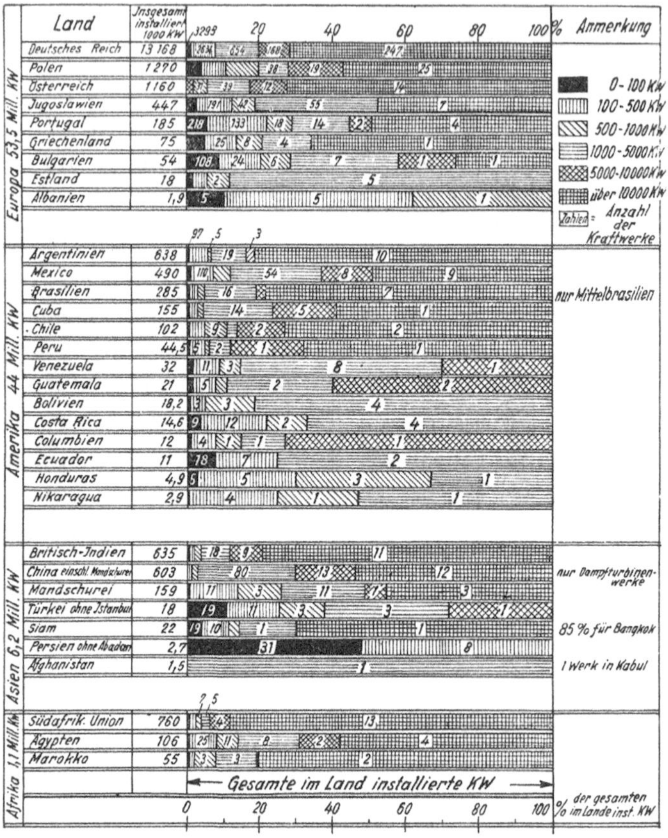

Bild 1.
Größengliederung der Kraftwerke in 33 Ländern (1930).

Bild 1 zeigt für 33 verschiedene Länder die Größengliederung der Kraftwerke. Es ergibt sich, daß auch in europäischen Ländern wie Portugal und Bulgarien noch rd. 25% der gesamten installierten Kraftwerksleistung des Landes in Kraftwerken unter 500 kW Gesamtleistung aufgestellt sind, und selbst in Deutschland stehen noch 20% der gesamten verfügbaren Leistung in Kraftwerken unter 5000 kW. In den untersuchten Ländern Mittelamerikas sind Kraftwerke über 5000 kW überhaupt nicht vorhanden. In China, für das eine besondere Statistik der Dampfturbinenkraftwerke vorliegt [1]), stehen 30% der installierten Dampfturbinen-kW in Kraftwerken unter 5000 kW Leistung. Aus diesen Zahlen wird die große Bedeutung von Dampfkraftwerken kleinerer und mittlerer Leistung besonders deutlich.

C. Bemessung der bestehenden Kraftwerke in Abhängigkeit von der Stadtgröße.

Die in den Zahlentafeln I bis VII enthaltenen Werte für $i = kW_{inst} / 1000$ Einw. machen Angaben nur über die Durchschnittswerte des Landes und die der Hauptstadt bezw. des Industriezentrums. Aus den Unterschieden dieser beiden Zahlenwerte, besonders in wenig industrialisierten Ländern, ergibt sich die Notwendigkeit, die Werte von i für einzelne Städte verschiedener Größe zu ermitteln, um ein verwertbares Ergebnis für die Neuanlage von Kraftwerken zu erhalten. Es wurden daher für 24 verschiedene Länder der 5 Erdteile Ermittlungen über die Abhängigkeit der i-Werte von der Stadtgröße (Einwohnerzahl) angestellt. Das Ergebnis wird durch Bild 2 gezeigt. Durch Eintragung von Kurven, die die Punkte gleichen Bedarfs an Kraftwerksleistung miteinander verbinden ($i \times$ Einwohnerzahl $= kW_{inst}$) wird gleichzeitig anschaulich gemacht, welche Kraftwerksgrößen in den einzelnen Ländern für Städte verschiedener Einwohnerzahl in Frage kommen. Die niedrigen Werte von i in den behandelten Ländern Asiens ließen es ratsam erscheinen, für diesen Erdteil die Untersuchung bis zu Städten von 700 000 Einwohnern auszudehnen, da z. B. in China ein 5000 kW-Kraftwerk im Durchschnitt für eine Stadt von 500 000 Einwohnern ausreicht, während ein Kraftwerk gleicher Größe z. B. in Rumänien nur für eine Stadt von 95 000 Einwohnern genügt. Mit Ausnahme von Asien wurde die Auftragung nur bis auf Städte von rd. 160 000 Einwohner ausgedehnt. Bei den meisten Ländern zeigt sich ein Minimum der i-Kurve für Städte zwischen 25 000 und 50 000 Einwohnern, d. h. für größere Städte ist ein Ansteigen von i zu beobachten. Dies dürfte dadurch begründet sein, daß die Städte mit größerer Einwohnerzahl im allgemeinen mehr Industrie besitzen und daß dort außerdem eine Bevölkerung mit stärkeren kulturellen Ansprüchen vorhanden ist. Die höheren Zahlen von i bei sehr kleinen Plätzen sind daraus zu erklären, daß bereits ein sehr kleines

[1]) Lit.-Nachw. Nr. 59.

Kraftwerk für eine Kleinstadt einen hohen Wert von i ergibt. So entspricht ein Kraftwerk von 200 kW bei einer Stadt von 5000 Einwohnern bereits $i = 40\ kW_{inst}/1000$ Einwohner.

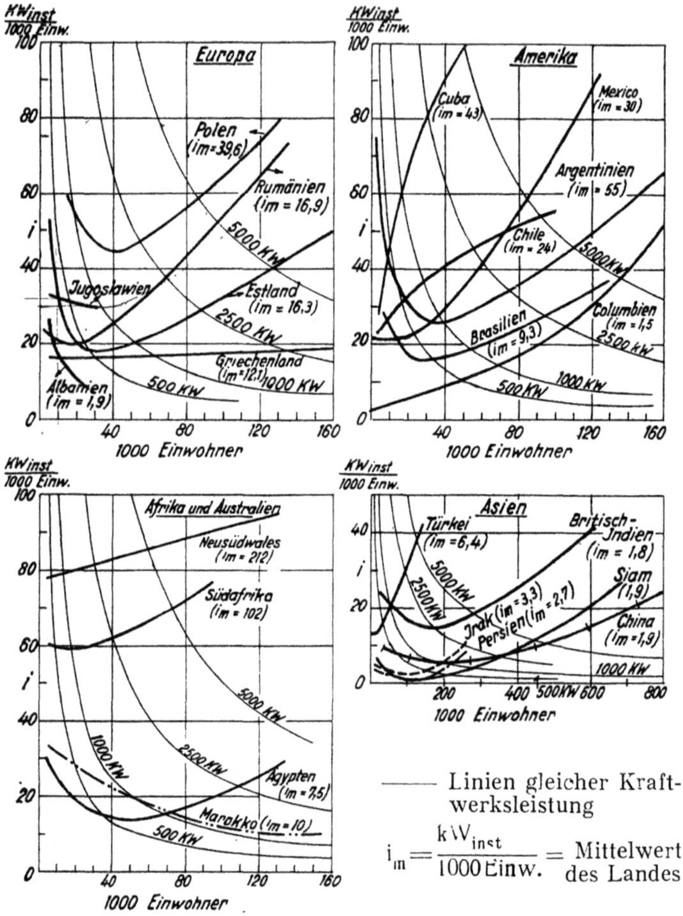

Bild 2.

$i = \frac{kW_{inst}}{1000\ \text{Einwohner}}$ in Abhängigkeit von der Stadtgröße.

Von einer weitern Erörterung der i-Kurven kann abgesehen werden, da diese selbst die anschaulichste Darstellung der gewonnenen Ergebnisse sind. Hinter den Ländernamen sind jeweils die durchschnittlichen Werte von i für das betreffende Land „i_m" nach Zahlentafel I bis VII eingetragen.

Nach den Kurven genügt z. B. ein Kraftwerk von 1000 kW installierter Leistung

in	für eine Stadt von ... Einwohnern	in	für eine Stadt von ... Einwohnern
Deutschland	5 000	Neu-Südwales	13 000
Polen	18 000		
Rumänien	40 000	Südafrika	18 000
Estland	50 000	Marokko	50 000
Griechenland	59 000	Aegypten	65 000
Cuba	17 000	Britisch-Indien	48 000
Chile	27 000	Türkei	54 000
Mexiko	36 000	China	175 000
Argentinien	38 000	Irak	190 000
Brasilien	52 000	Persien	210 000
Columbien	67 000	Siam	280 000

D. Ausnutzung von Kraftwerken kleiner und mittlerer Leistung.

Um eine Grundlage für die Beurteilung der Wirtschaftlichkeit und die zweckmäßige Durchbildung der behandelten Art von Kraftwerken zu erhalten, ist es erforderlich, einen Anhalt über den voraussichtlichen Belastungsverlauf und die Ausnutzung der Kraftwerke zu gewinnen. Zu diesem Zweck wurden für Kraftwerke bis zu 8000 kW installierter Leistung in verschiedenen Ländern Ermittlungen über den Verlauf der Tagesbelastung im Sommer und Winter sowie über die Werte von Jahresausnutzungsfaktor n und Reservefaktor r vorgenommen.

Der Verlauf der Tagesbelastungskurven verschiedener Kraftwerke in Deutschland, Griechenland, Bulgarien, China und Chile wird durch die Bilder 3 und 4 dargestellt. Es zeigt sich die besonders schlechte Ausnutzung von Kraftwerken mit vorwiegender Lichtbelastung (Kalamon, Concepcion, Nanking). Für Kraftwerke auf niedrigem Breitengrad (Antofagasta) macht sich der geringe Unterschied zwischen Winter und Sommer bemerkbar. Das Vorhandensein von Industriebelastung (Kraftanschluß) sowie Äquatornähe des Aufstellungsortes wirken also auf eine Vergrößerung

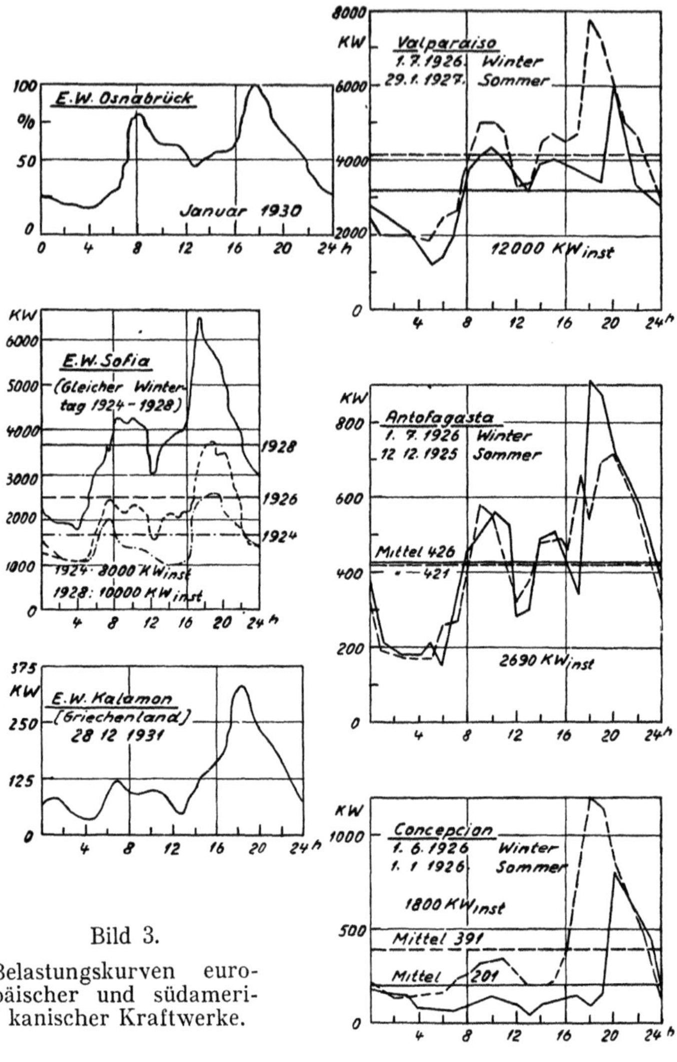

Bild 3.

Belastungskurven europäischer und südamerikanischer Kraftwerke.

des Belastungsfaktors hin. Daneben können besondere Maßnahmen der Elektrizitätswerke selbst, wie günstige Tarife für Haushalts--Kochstrom, Nachtstrom sowie für neu zu gründende Fabriken, eine gleichmäßigere Gestaltung des täglichen Belastungsverlaufes und damit eine Verbesserung der Ausnutzung der Kraftwerke bewirken.

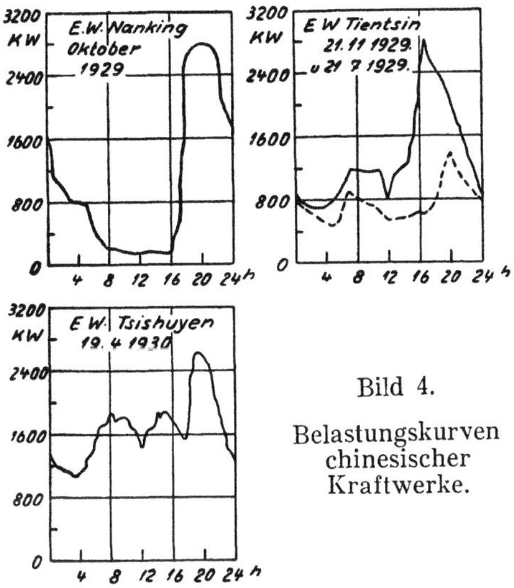

Bild 4.

Belastungskurven chinesischer Kraftwerke.

Aus dem Verlauf der dargestellten Tagesbelastungskurven ergibt sich die Wichtigkeit eines günstigen Wirkungsgrades der Maschinen auch bei Teillasten. Wie im folgenden noch näher gezeigt wird, ist es nämlich bei Kraftwerken kleinerer und mittlerer Leistung empfehlenswert, die benötigte Leistung auf eine Mindestzahl von Maschinen zu verteilen. In Dampfturbinenkraftwerken wird man daher für den betrachteten Leistungsbereich beim ersten Ausbau selten mehr als zwei Turbogeneratoren aufstellen, wobei eine dieser Maschinen über einen großen Teil des Jahres allein die Lastdeckung übernehmen und auf diese Weise sehr häufig mit Teillasten arbeiten wird.

Aufgetragen über der Ausbauleistung der einzelnen Kraftwerke zeigen die Bilder 5 bis 7 für verschiedene Länder Mittelwerte des Ausnutzungsfaktors n, des Belastungsfaktors m und des sich aus n und m ergebenden Reservefaktors r. Wenn auch sicherlich viele Kraftwerke falsch angelegt sind, besonders in Ländern, in denen die Kraftwerke nicht unter einheitlichen Gesichtspunkten bezw. ohne Verwertung der in den höher elektrifizierten Ländern gewonnenen Erfahrungen erbaut wurden, so gibt doch der Durchschnitt der durch die Bilder 5 bis 7 gezeigten Werte eine gute Grundlage für die Neuanlage von Kraftwerken, d. h. die Wirtschaftlichkeitsberechnungen, die bei der Planung angestellt

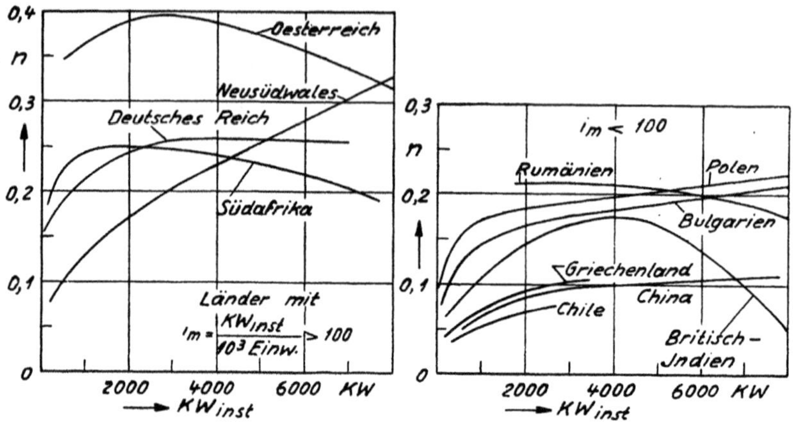

Bild 5.

Ausnutzungsfaktor n in Abhängigkeit von der Kraftwerksgröße.

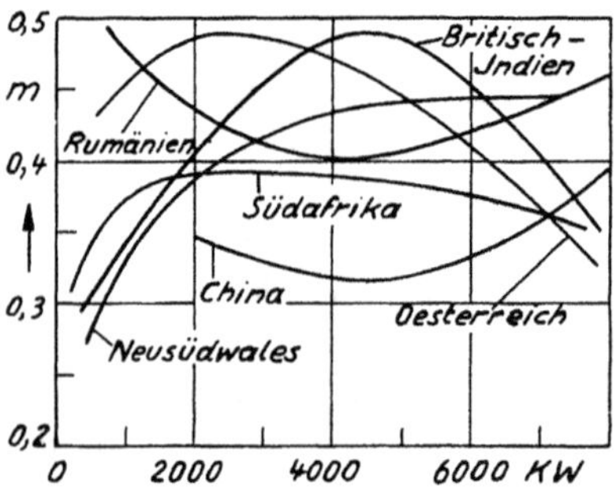

Bild 6.

Jahresbelastungsfaktor m in Abhängigkeit von der Kraftwerksgröße.

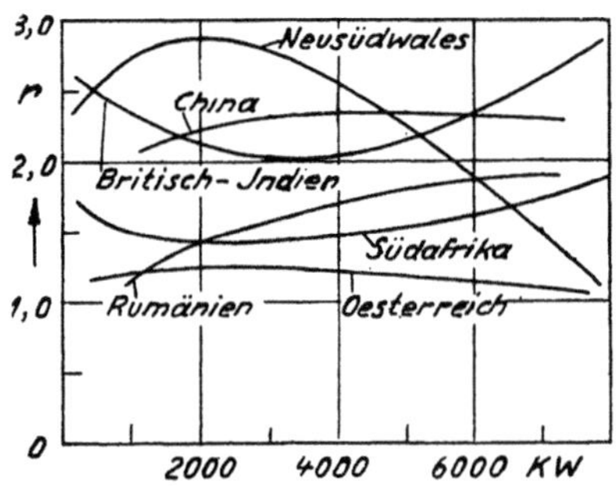

Bild 7.

Reservefaktor r in Abhängigkeit von der Kraftwerksgröße.

werden müssen. Die Kurven geben gleichzeitig Aufschluß über die Vorzüge und Mängel der Stromwirtschaft in den behandelten Ländern.

Es zeigt sich, daß für den betrachteten Leistungsbereich im allgemeinen die Ausnutzung der Kraftwerke verhältnismäßig unabhängig von ihrer Größe ist. Abweichend von dieser Tatsache steigt z. B. in Neusüdwales der Ausnutzungsfaktor besonders stark mit der Kraftwerksleistung, eine Erscheinung, die in weniger ausgeprägtem Maße bis zu Leistungen von rd. 2000 kW fast in allen Ländern zu beobachten ist. Dies dürfte dadurch zu erklären sein, daß bei den größeren Kraftwerken der Anteil des Kraftanschlusses und damit die Ausnutzung des Kraftwerkes auch während der Tagesstunden größer ist. In Britisch-Indien und Österreich ist für die Kraftwerke zwischen 4000 und 7000 kW ein starkes Absinken des Belastungsfaktors festzustellen. In Österreich dürften die Kraftwerke dieser Größenordnung häufig nur zur Spitzendeckung herangezogen werden, während in Britisch-Indien der Grund wahrscheinlich in einer zu großen Bemessung der Kraftwerke (Reservefaktor zwischen 2 und 3) bei gleichzeitigem Überwiegen des Lichtstroms liegt.

Wie sich auch aus den Zahlentafeln I—VII ergibt, ist ein guter Ausnutzungsfaktor außer in den sehr hoch elektrifizierten Gebieten (Norwegen, Chicago) auch in besonders schwach entwickelten Ländern zu beobachten. Der Grund hierfür ist darin zu suchen, daß mit Rücksicht auf den oft vorliegenden Kapitalmangel die Reserve in wirtschaftlich schwach entwickelten Ländern sehr gering bezw. überhaupt nicht vorhanden ist ($kW_{inst} = kW_{max}$). Bei Notwendigkeit von Reparaturen wird das Kraftwerk vollkommen stillgelegt, die Bevölkerung muß während dieser Zeit auf die Stromlieferung verzichten und findet sich erfahrungsgemäß mit diesem für unsere Begriffe untragbaren Zustand ab.

Die Untersuchung von Buttler[1]), die ähnliche Ermittlungen für das Gebiet von Kraftwerken bis 500 kW Leistung anstellt, gibt für das Gebiet dieser Kleinstkraftwerke interessante Aufschlüsse über die Beeinflussung des Ausnutzungsfaktors und des Reservefaktors durch die Art der Kraftmaschinen:

Zahlentafel X.

Ausnutzungsfaktor n und Reservefaktor r bei Kraftwerken unter 500 kW Leistung.

	Australien		Südafrika		Rußland		Aegypten		China		Mittel	
	n	r	n	r	n	r	n	r	n	r	n	r
Wasserkraft	0,25	1,15	0,24	1,0							0,25	1,07
Dampf			0,17	1,57	0,22	1,35			0,24	1,43	0,21	1,45
Diesel	0,09	1,43	0,10	1,58			0,12	2,28			0,10	1,76
Sauggas	0,12	1,57	0,11	1,79							0,12	1,67

[1]) Lit.-Nachw. Nr. 3.

Belastungsfaktor $m = n \cdot r$.

Der Unterschied der einzelnen Werte gegenüber den hier behandelten Kraftwerken bis 5000 kW Leistung ist beträchtlich. Vor allem sind die kleineren Werte des Reservefaktors r bei Wasser- und Dampfkraftwerken bemerkenswert, die auf die Möglichkeit des zeitweisen Verzichts auf Stromlieferung hinweisen.

E. Entwicklungsgeschwindigkeit des Strombedarfs.

Bei der Neuanlage eines Kraftwerkes ist es von großer Bedeutung einen Maßstab für die zu erwartende Entwicklung des Strombedarfs zu haben, um eine vorzeitige Überlastung der errichteten Anlage zu vermeiden. Über diesen Punkt sind im vergangenen Jahrzehnt für einzelne Städte und Länder viele Untersuchungen angestellt worden; es hat sich dabei gezeigt, daß unerwartete Wirtschaftskrisen Vorausberechnungen in weitestgehendem Maße zunichte machen können. Trotzdem kann man für einen längeren Zeitraum eine gewisse Gesetzmäßigkeit nachweisen. Bild 8 zeigt die von Stritzl [1]) aufgestellten Kurven für die Gesetzmäßigkeit der Zunahme der Belastungsspitzen (kW_{max}) pro 1000 Einwohner.

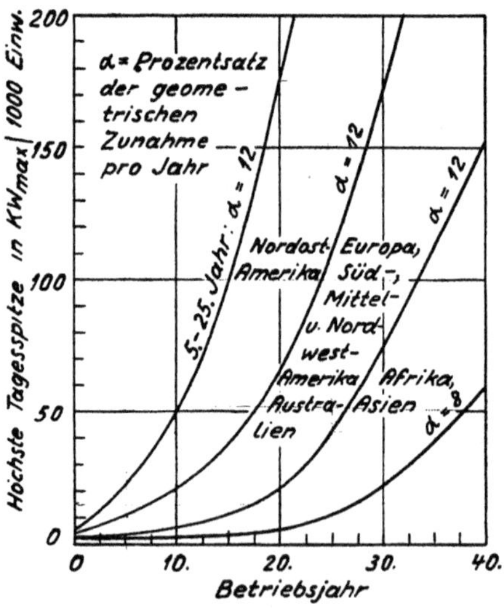

Bild 8.

Anstieg der Spitzenbelastung mit dem Betriebsalter der Stromversorgung.

---

[1]) Lit.-Nachw. Nr. 36.

Aus den verfügbaren statistischen Unterlagen wurde ergänzend die Zunahme der Werte von $i_m = kW_{inst}/1000$ Einw. für 7 verschiedene Länder errechnet (Bild 9). Es zeigt sich, daß der Prozentsatz der jährlichen Zunahme a (geometrische Progression) durch den wirtschaftlichen Charakter des Landes kaum beeinflußt wird. Er liegt zwischen 8 bis 10% im Durchschnitt der letzten 20 Jahre, gleichgültig, ob es sich um elektrizitätswirtschaftlich hoch entwickelte (Beispiel: USA) oder schwach entwickelte Länder (Beispiel: Bulgarien) handelt.

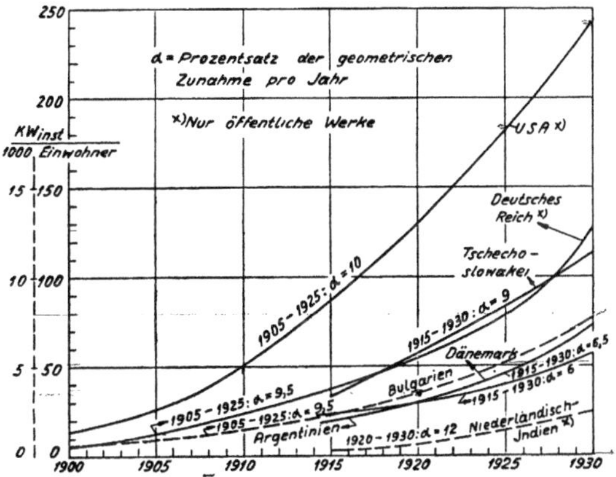

Bild 9.

Anstieg der installierten Leistung ganzer Länder.

Es wäre also ein Trugschluß anzunehmen, daß bei Neuanlagen von Kraftwerken in Ländern, die bis dahin keine Stromversorgung hatten, eine besonders stürmische Zunahme der Spitzenbelastung des Kraftwerkes in den ersten Jahren eintritt. Die erste Sättigung des Strombedarfes ist schnell erreicht, und der weitere Bedarf steigt eher langsamer als in wirtschaftlich hoch entwickelten Ländern.

F. Bemessung neuer Kraftwerke.

Unter Einteilung der Länder nach ihrem Elektrifizierungsgrad, und zwar entsprechend den Werten von $i = kW_{inst}/1000$ Einw. können die Ergebnisse der Auswertung der verfügbaren statistischen Unterlagen zusammengefaßt werden, und zwar wird die Zusammenfassung für alle Länder auf die Ergebnisse für Städte von 100 000 Einwohnern aufgebaut:

Zahlentafel XI.

Zusammenfassung der aus der Statistik gewonnenen elektrizitätswirtschaftlichen Durchschnittswerte.

Gruppe	I	II	III	IV
i Stadt = kW_{inst}/1000 Einw.	0—10	10—25	25—50	50—100
Länder (z. B.) (Die in Klammern gesetzten Zahlen sind die Werte für das mittlere i (i_m) des Landes)	Persien (0,3) Siam (1,9) China (1,9) Irak (3,3)	Columbien (1,5) Brit.-Indien (1,8) Aegypten (7,5) Marokko (11) Griechenland (12)	Türkei (6,4) Peru (7,3) Brasilien (9,3) Estland (16,3) Argentinien (55)	Rumänien (16,9) Chile (24) Mexiko (30) Polen (39,6) Südafrika (102) Neu-Südwales (212)
Ausnutzungsfaktor $n = \frac{kWh}{8760 \cdot kW_{inst}}$	0,1—0,15	0,15—0,2	0,15—0,25	0,2 —0,3
Belastungsfaktor $m = \frac{kWh}{8760 \cdot kW_{max}}$	0,2—0,3	0,3 —0,4	0,3 —0,45	0,35—0,45
Reservefaktor $r = \frac{kW_{inst}}{kW_{max}} = \frac{m}{n}$	1,4—1,7	1,6 —1,9	1,8 —2,1	1,0 —2
Durchschnittliche jährliche Zunahme des Strombedarfs	8—10%	8 —10%	8 —10 %	8—10%

Die obigen Zahlen stellen, wie erwähnt, nur die Mittelwerte der Auswertung der für bestehende Kraftwerke vorhandenen Angaben dar; sie können für die Wirtschaftlichkeitsberechnung von Neuanlagen nur dann verwendet werden, wenn der Durchschnitt der bestehenden Kraftwerke richtig angelegt ist. Da unter den Ländern, für die die Auswertung vorgenommen wurde, viele auf eine längere Entwicklung der Elektrizitätswirtschaft zurückblikken können, so ist die Richtigkeit der Bemessung wahrscheinlich.

Für die Beurteilung dieser Frage ist auch die Größe des ermittelten Reservefaktors wichtig. Er liegt zwischen 1,5 und 2, mit niedrigeren Werten bei sehr wenig elektrifizierten Ländern

(Gruppe I). Er steigt mit dem Elektrifizierungsgrad (Gruppe II und III), um bei Ländern, deren Stromversorgung bereits einigermaßen gut entwickelt ist (Gruppe IV), wieder leicht abzusinken. Diese Werte der Zahlentafel XI weisen auf durchschnittlich richtige Bemessung der bestehenden Kraftwerke hin:

Bei den Kraftwerken der Gruppe I wird es sich hauptsächlich um die Deckung von Lichtbedarf und nebenbei um die Versorgung kleiner Fabriken handeln. Eine kürzere Stillegung des Kraftwerkes zwecks Überholung wird von der Bevölkerung, wie schon erwähnt, ohne Widerspruch hingenommen, so daß bei dem ersten Ausbau unter Umständen die Aufstellung eines einzigen Turbogenerators genügt. Da dieser Maschinensatz für die ersten Jahre der Entwicklung ausreichen soll, wird er um 40—50% größer ausgelegt als der voraussichtlichen Spitze des ersten Jahres entspricht ($r = 1{,}4$ bis 1,5).

Bei höher elektrifizierten Ländern (Gruppe II und III) sind der Lastanteil der Industrie und die Ansprüche der Bevölkerung größer. Eine Unterbrechung der Stromerzeugung ist daher im allgemeinen nicht zulässig. Es müssen deshalb zwei Maschinen aufgestellt werden; mit Rücksicht auf Ersatzteilbeschaffung, Bedienung, Ausbildung der Schaltanlage und spätere Erweiterungen wird es stets empfehlenswert sein, zwei Sätze gleicher Größe und gleicher Bauart zu wählen. In Ländern der gemäßigten Zone, bei denen die Winterspitze erheblich größer ist als die Sommerspitze, wird man zwei Sätze wählen, von denen der eine zur Deckung der Sommerspitze ausreicht, so daß während des Sommers Überholungsarbeiten an dem zweiten Satz vorgenommen werden können. Ist die Sommerspitze $^2/_3$ der Winterspitze (Jahresspitze), so ergibt sich nach rd. 5 Betriebsjahren ein Reservefaktor $r =$ rd. 1,35, der im Hinblick auf die voraussichtliche Steigerung des Strombedarfes im Laufe der Betriebszeit im ersten Betriebsjahr einen höheren Wert in der Nähe von $r = 1{,}8$ annimmt. In tropischen Ländern mit geringerem Unterschied zwischen Sommer- und Winterspitze wird es empfehlenswert sein, zwei Sätze aufzustellen, von denen jeder für die Jahresspitze ausreicht. Diese Lösung ist meist vorteilhafter als die Unterteilung des Kraftwerkes in drei Einheiten (jede für die halbe Jahresspitze), da diese infolge der starken Abnahme der Kilowattpreise von Turbogeneratoren mit der Leistung (vergl. Abschnitt III) meist erheblich teurer sein werden.

In Ländern mit gut entwickelter Stromversorgung (Gruppe IV)

werden die Kraftwerksleistungen bei größeren Versorgungsgebieten oft schon so groß sein, daß die Veränderung des Kilowattpreises mit der Leistung nicht mehr so ausschlaggebend ist wie die Rücksichten auf die Betriebsführung. Wählt man in diesem Fall drei Maschineneinheiten, von denen jede für die halbe Jahresspitze ausgelegt ist, so ergibt sich ein niedrigerer Reservefaktor als bei der vorstehend erwähnten Kraftwerksunterteilung.

Diese Beurteilung der Reservefrage weist darauf hin, daß die Durchschnittswerte, die aus der Statistik der bestehenden Kraftwerke gewonnen wurden, für gleichartige Länder auch für die Bemessung von Neuanlagen zu verwenden sind.

Die Auswertung der Statistik, ebenso wie die obigen Ausführungen gelten nur für die Unterteilung der Maschineneinheiten. Da die Preise der Kessel pro Tonne stündlicher Dampferzeugung sich nicht im gleichen Maße wie die Preise der Turbogeneratoren pro kW mit der Leistung verändern, muß die Frage der Reservehaltung im Kesselhaus nach anderen, vorwiegend betrieblichen, Gesichtspunkten entschieden werden; hierauf wird in Abschnitt IV „Gesamtanordnung" näher eingegangen. Es sei in diesem Zusammenhang ausdrücklich betont, daß die Frage der Reserve bei Diesel- und Wasserkraftwerken anders zu beurteilen ist. Selbstverständlich sind auch für Turbogeneratoren größerer Leistung andere Punkte ausschlaggebend.

Bei der Neuanlage eines Kraftwerkes ist noch zu entscheiden, für welche Zeitdauer der erste Ausbau ausreichen soll. Im allgemeinen wird der Voranschlag die Entwicklung während der folgenden 5 Jahre so gut wie möglich berücksichtigen. Eine kleinere Bemessung würde zu schnell Aufwendungen für die Erweiterung notwendig machen, eine Planung für längere Zeit kann oft mit falschen Voraussetzungen insbesondere wirtschaftlicher Art arbeiten, außerdem würde sie eine unverhältnismäßig große Belastung des Kraftwerkes mit Kapitaldienst und in den ersten Jahren ein unwirtschaftliches Arbeiten der Maschinen mit Teillast zur Folge haben und ferner die laufende Anpassung des Kraftwerkes an technische Fortschritte erschweren.

Für die Entscheidung über die zweckmäßige technische Durchbildung von Kraftwerken des behandelten Leistungsbereiches ist eine sorgfältige Überprüfung der technischen Einzelfragen erforderlich, wie sie im folgenden unter besonders eingehender Behandlung der Maschinenhausausrüstung, also der Turbogeneratoren selbst, durchgeführt wird.

III. Kraftwerksausrüstung.

A. Wärmetechnische Grundlagen.

1) Dampfdruck- und -temperatur.

Die Betriebsführung von Kraftwerken der untersuchten Größe muß einfach sein. Es kommen daher nur solche Frischdampfdrücke in Betracht, bei denen Zwischenüberhitzung des Turbinendampfes nicht erforderlich ist. Die Untersuchung wird deshalb auf den Druckbereich zwischen 10 und 40 atü beschränkt. Für den Zweck der Arbeit erscheint es ausreichend, bestimmten Drükken bestimmte Temperaturen fest zuzuordnen.

Um diese Temperaturen zu bestimmen, muß festgestellt werden, bei welchen Luftleeren für verschiedene Drücke die als höchstzulässig erachtete Dampfnässe hinter der letzten Schaufel erreicht wird; denn die Begrenzung der Dampfnässe innerhalb der Turbine kann als der wichtigste Faktor für die Wahl der Dampftemperatur betrachtet werden. Bei einem bestimmten Frischdampfzustand und einer bestimmten Luftleere im Turbinenabdampfstutzen wächst diese Dampfnässe bekanntlich mit steigendem Turbinenwirkungsgrad und umgekehrt. Nach den Erfahrungen der Praxis über die Erosion von Dampfturbinenschaufeln kann als höchstzulässiger Wert eine Endnässe von rd. 10% ($x_a = 0{,}9$) bezeichnet werden.

Unter Berücksichtigung dieser verschiedenen Gesichtspunkte ist es daher nötig, bei den praktisch in Frage kommenden Luftleeren, also in dem Bereich von rd. 90 bis 97% Vakuum (rd. 10 bis rd. 35°C Kühlwasser) bei verschiedenen Turbinenwirkungsgraden die Temperaturen zu ermitteln, mit denen bei den verschiedenen Drücken eine Endnässe von 10% gerade erreicht wird. Durch Eintragung der entsprechenden Expansionslinien in das Entropie-Diagramm ist dies leicht durchführbar. Das Ergebnis wird durch Bild 10 dargestellt.

Bei den Verhältnissen, die in dem untersuchten Bereich die höchsten Temperaturen erfordern, d. h. einer Luftleere von 97% und einem Turbinenwirkungsgrad von $\eta_i = 80\%$, entsprechend

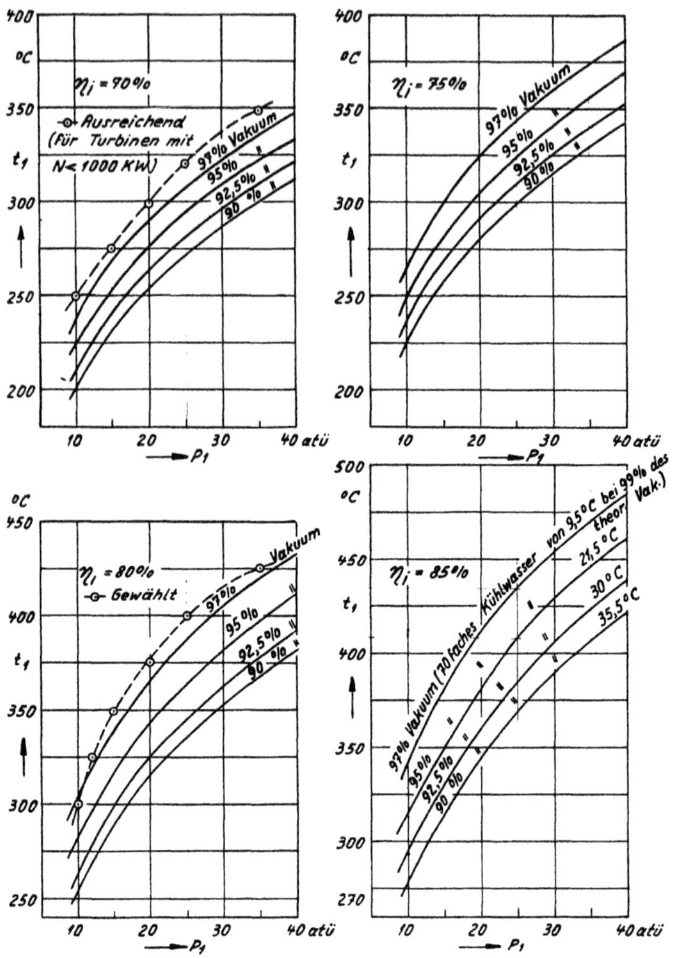

Bild 10.

Benötigte Turbinen-Frischdampftemperaturen (t_1) bei 10% Endnässe ($x_a = 0{,}9$) in Abhängigkeit von Frischdampfdruck (p_1), Vakuum (p_a) und innerem Turbinenwirkungsgrad (η_i).

ungefähr dem inneren Turbinenwirkungsgrad von normalen 5000 kW-Turbinen, ergeben sich zwischen 10 und 35 atü ungefähr die folgenden Temperaturen als empfehlenswert:

10 atü	300°C	25 atü	400°C
15 atü	350°C	35 atü	425°C
20 atü	375°C		

Für diese Drücke und Temperaturen wird im folgenden die Untersuchung durchgeführt. Bei Turbinen kleinerer Leistungen mit niedrigerem Wirkungsgrad ergeben sich wesentlich kleinere Frischdampftemperaturen als ausreichend. Bei einem inneren Turbinenwirkungsgrad von 70% können entsprechend dem Ergebnis der Ermittlungen folgende Beziehungen zwischen Druck und Temperatur zugelassen werden:

10 atü	250°C	25 atü	320°C
15 atü	275°C	35 atü	350°C
20 atü	300°C		

Für die niedrigeren Drücke entsprechen diese Temperaturen ungefähr den bei älteren, insbesondere englischen, Flammrohrkesseln üblichen; so kann man z. B. derartig niedrige Temperaturen oft bei Anfragen auf Erweiterung bestehender Kraftwerke in Indien beobachten.

Bei Neuanlagen wird es sich aber immer empfehlen, höhere Temperaturen zu wählen, schon mit Rücksicht auf den infolge der Verringerung der Endnässe höheren Turbinenwirkungsgrad [1]).

2) Druck- und Temperaturabfall zwischen Kessel und Turbine.

Der Druck- und Temperaturabfall zwischen Überhitzeraustritt und Turbineneintritt richtet sich jeweils nach der Rohrleitungsführung und -bemessung bezw. der Güte des Wärmeschutzes der Frischdampfrohre. Für die Untersuchung werden auch hierzu bestimmte Annahmen gemacht, die entsprechend den praktischen Erfahrungen reichliche Sicherheit bieten, und zwar:

Zahlentafel XII.

Gewählter Frischdampfzustand an Turbine und Kessel.

Frischdampfzustand am Turbinen-Einlaßventil			Frischdampfzustand am Überhitzeraustritt		
Druck atü	Temperatur °C	Wärmeinhalt kcal/kg	Druck atü	Temperatur °C	Wärmeinhalt kcal/kg
8	275	716	9	290	723
10	300	728	11	315	753
12	325	746	13,5	340	747
15	356	751	10,5	370	761,5
20	375	763	22	395	773
25	400	774,5	27	420	785
30	415	781,5	33	440	794
35	425	785,5	38	450	798

[1]) Lit.-Nachw. Nr. 14.

Der Wärmeinhalt des Frischdampfes [1]) ist angeführt, um Überprüfung der folgenden Untersuchungen sowie Zusatzberechnungen zu erleichtern und schnelle Ermittlung wichtiger Werte, z. B. von Verdampfungszahlen von Kesseln, zu ermöglichen.

Ist in der Praxis der Abfall von Druck und Temperatur zwischen Kessel und Turbine kleiner als den angenommenen Werten entspricht — was bei richtig bemessenen Rohren und gutem Wärmeschutz besonders bei den höheren Drücken meist der Fall sein wird — so kann durch entsprechende Betriebsführung der gewünschte Dampfzustand am Turbineneintritt leicht eingestellt werden.

3) Theoretisch erreichbarer Dampfverbrauch und Wärmeverbrauch.

Um während der Weiterführung der Untersuchung die grundlegenden Zahlen für Dampf- und Wärmeverbrauch stets anschaulich übersehen zu können, werden für den in Frage kommenden Bereich die adiabatischen Wärmegefälle nach der Entropie-Tafel von Knoblauch, Raisch, Hausen und Koch [1]) ermittelt und hiernach der theoretische Dampfverbrauch in kg/kWh

$$D_0 = \frac{860}{H_0}$$

errechnet. Das Ergebnis zeigt Bild 11. Ferner ist es zweckmäßig, in jedem Augenblick der Untersuchung vor Augen zu haben, welcher theoretische Wärmeverbrauch und theoretische thermische Wirkungsgrad bei reinem Kondensationsbetrieb erreicht wird, also bei einer Kondensattemperatur, die der Sättigungstemperatur t_s der jeweiligen Luftleere entspricht, und einem inneren Turbinenwirkungsgrad von 100%.

---

[1]) Lit-Nachw. Nr. 8.

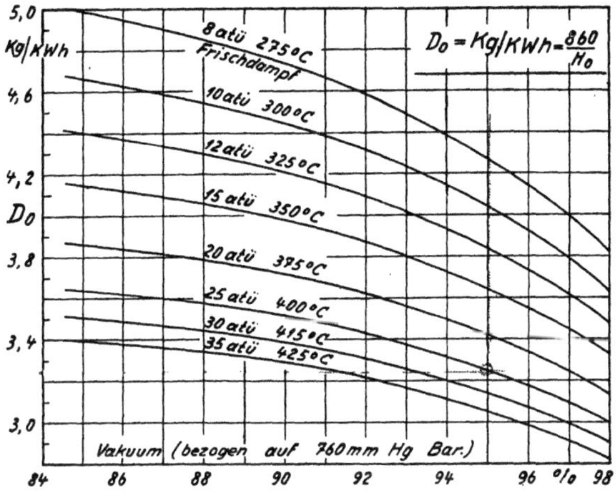

Bild 11.
Theoretisch erreichbarer Dampfverbrauch.

Es gilt die Beziehung:

Theoretischer Wärmeverbrauch $W_0 = D_0 \ (i_1 - t_s)$,

wobei i_1 der Wärmeinhalt des Turbinenfrischdampfes ist. Der theoretische thermische Wirkungsgrad ist dann

$$\eta_{th_0} = \frac{860}{W_0} = \frac{H_0}{i_1 - t_s}$$

Das Ergebnis wird durch Bild 12 dargestellt.

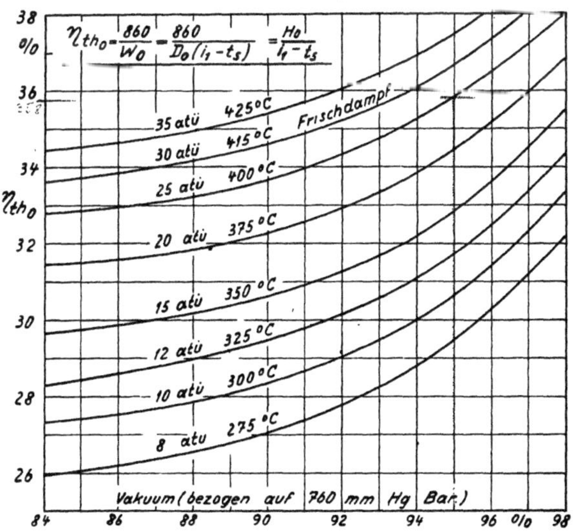

Bild 12.
Theoretisch erreichbarer thermischer Wirkungsgrad bei reinem Kondensationsbetrieb.

4) Theoretisch erreichbares Vakuum.

Bei den nachfolgenden Ermittlungen über die Kosten und das technische Verhalten von Kondensationsturbinen wird jeweils von bestimmten Luftleeren ausgegangen. Es ist daher wichtig, eine Übersicht über das bei verschiedenen Kühlwassermengen erreichbare Vakuum zu haben. Das tatsächlich erzielbare Vakuum hängt von dem Wirkungsgrad der gewählten Kondensationsanlage ab; bei guten Oberflächen-Kondensationsanlagen wird bei der Auslegungslast 99% des theoretisch errreichbaren Vakuums ohne Schwierigkeit erzielt. Die Größe des theoretisch erreichbaren Vakuums, also der Luftleere für die die Sättigungstemperatur des niederzuschlagenden Dampfes der Kühlwasseraustrittstemperatur entspricht, wird durch Bild 13 für verschiedene Kühlwassereintrittstemperaturen und Kühlwassermengen dargestellt [1]).

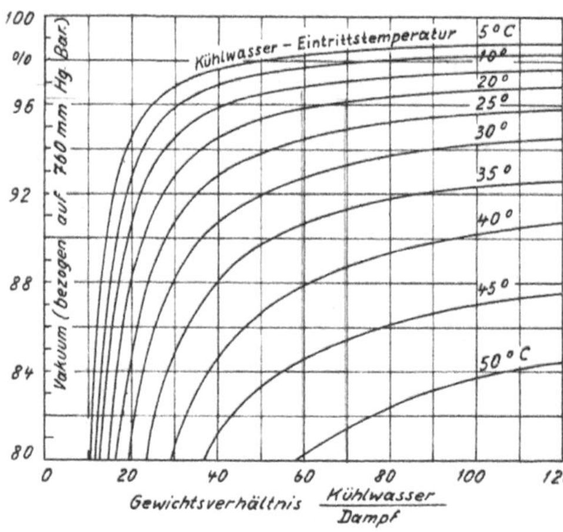

Bild 13.

Theoretisch erreichbares Vakuum.

Die Kurven sind unter der Annahme errechnet, daß dem niederzuschlagenden Dampf 570 kcal/kg Wärme durch den Kondensator entzogen werden müssen. Es zeigt sich die bekannte Erscheinung, daß bei kaltem Kühlwasser eine Erhöhung der Kühlwassermenge über den 60- bis 70-fachen Betrag der Dampfmenge eine nur noch unbeträchtliche Erhöhung des Vakuums bringt, während bei sehr warmem Kühlwasser auch bei größeren Kühl-

[1]) Lit.-Nachw. Nr. 9.

wasser-Förderhöhen eine Erhöhung der Kühlwassermenge bis auf den 90- bis 100-fachen Betrag der Dampfmenge wirtschaftlich sein kann. Die Beeinflussung des Vakuums durch die Auslegung der Kondensationsanlage wird im Teil B, 3 behandelt.

B. Maschinenhausausrüstung.

1) Kosten und Gewichte von Kondensationsdampfturbinen-Anlagen.

a) Direkt gekuppelte und Getriebe-Turbogeneratoren.

Die Untersuchung über die zweckmäßige Gestaltung der Dampfturbinenanlagen wird hinsichtlich der Turbinen auf eingehäusige Axialturbinen beschränkt. Im Gegensatz zu der in der Mitte des vorigen Jahrzehntes vielfach vertretenen Auffassung hat es sich herausgestellt, daß für Kondensationsdampfturbinen bis über 10 000 kW Leistung eine mehrgehäusige Bauart nur in wenigen Ausnahmefällen wirtschaftlich ist, da eingehäusige Maschinen dieser Größe mehrgehäusigen im Wirkungsgrad nicht nachzustehen brauchen. Die in letzter Zeit wieder oft empfohlenen Radialturbinen mit feststehendem Dampfumkehrteil werden nicht betrachtet, da ihre Betriebsbewährung in Ländern weit von den Herstellungsfabriken bisher noch nicht feststeht; von den gegenläufigen Radialturbinen der Ljungströmbauart werden im folgenden nur einige technische Daten erwähnt, da die Untersuchung ihrer Wirtschaftlichkeit auf gleicher Grundlage wie die anderen Maschinen infolge der Patentlage und der dadurch bedingten Preisgestaltung auf Schwierigkeiten stößt. Die Axialturbine der Gleichdruck- oder Überdruckbauart kann trotz vieler gegenteiliger Empfehlungen von interessierter Seite weiterhin als die Normalturbine betrachtet werden. Bei der folgenden Untersuchung über Kosten und Gewichte wird durchgehend Frischdampf von 15 atü 350°C und ein Kondensator-Vakuum von 95% angenommen. Die Auslegungslast, d. h. die Last des besten Dampfverbrauches der Turbine soll bei 80% der Generatorvollast liegen. Als Generatorspannung wird 3000/3300 Volt angenommen, bei $\cos \varphi = 0{,}8$, 50 Hertz und Auslegung der Generatoren nach VDE-Normen (REM 1930). Die Kondensationsanlagen sollen aus einem Oberflächenkondensator in Seewasserausführung mit 40 kg/ h u. m^2

Belastung bei 1/1 Last der Turbine und einem elektrisch angetriebenen Pumpensatz, gebildet aus Kühlwasserpumpe und Kondensatpumpe auf gemeinsamer Welle, bestehen. Für die Luftabsaugung aus dem Kondensator soll ein Dampfstrahlluftsauger Verwendung finden. Die Verbindungsleitungen zwischen den Pumpen und dem Kondensator sind in den Gesamtgewichten und -preisen der Turbogeneratoren enthalten.

Die angegebenen Preise und Gewichte sind Durchschnittswerte von erfahrungsgemäß auf dem Weltmarkt konkurrenzfähigen Typen der verschiedensten Firmen. Die Preise gelten unter den in der Einleitung (Abschnitt I) angegebenen Vorbehalten. Wesentliche Unterschiede in Preis und Gewicht zwischen eingehäusigen Gleichdruck- und Überdruckturbinen bestehen nicht, wie immer wieder aus den Ergebnissen von Ausschreibungen hervorgeht. Gleichdruckturbinen sind vielfach mit Rücksicht auf die großen ohne wesentliche Beeinträchtigung des Wirkungsgrades zulässigen inneren Spiele unempfindlicher gegen unsachgemäße Bedienung; aus dem gleichen Grunde ist die Anfahrzeit im allgemeinen kürzer als bei Überdruckturbinen. Wie sich aus den Belastungsdiagrammen kleiner Dampfkraftwerke nach Bild 3 u. 4 ergibt, ist guter Dampfverbrauch der Turbinen auch bei Teillasten wesentlich, insbesondere da man, wie bereits in Abschnitt II erwähnt, im Hinblick auf die Anschaffungskosten bei kleinen Werken die Zahl der Maschinen auf ein Mindestmaß be-

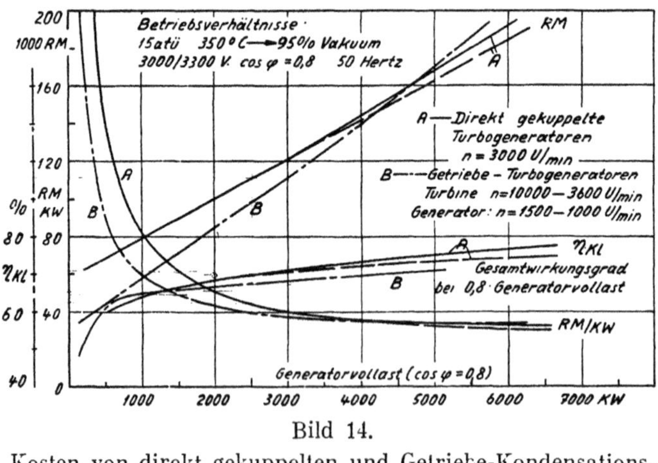

Bild 14.

Kosten von direkt gekuppelten und Getriebe-Kondensationsdampfturbinensätzen.

schränkt, so daß oft Arbeiten der Turbinen mit Teillasten erforderlich ist. Turbinen mit Düsenreglung ist daher gerade bei kleinen Kraftwerken gegenüber solchen mit Drosselreglung der Vorzug zu geben.

In dem untersuchten Leistungsbereich ist für die angegebenen normalen Betriebsverhältnisse bei Aufstellung eines Turbogenerators die Wahl zwischen direkt gekuppelten und Getriebesätzen zu treffen. Der heutige Stand des Baues von Zahnradvorgelegen gibt Getriebesätzen die gleiche Betriebssicherheit wie direkt gekuppelten Aggregaten, so daß nur Dampfverbrauch und Preis für die Entscheidung maßgebend sind. Wie im folgenden noch näher begründet wird, sind Getriebesätze anpassungsfähiger an die Erfordernisse kleiner Dampfturbinen als direkt gekuppelte Maschinen. Die hohe Drehzahl der Turbinen ermöglicht bei geringer Stufenzahl, kleinen Stufenabmessungen und ausreichendem c_0/u den Einbau von Schaufeln ausreichender Länge, um eine gute Dampfströmung zu sichern. Die Mehrkosten für das Zahnradvorgelege werden durch die Minderkosten für die Turbinen selbst, vor allen Dingen aber die Minderkosten der langsam laufenden Generatoren reichlich ausgeglichen, so daß sich die durch Bild 14 gezeigten Verhältnisse ergeben. Es zeigt sich, daß bis zu Leistungen von rd. 2500 kW Getriebesätze vor direkt gekuppelten Maschinen den Vorzug verdienen. Bei 1000 kW ist ein direkt gekuppelter Satz einschließlich Kondensation ungefähr 40% teurer als ein Getriebesatz, während dieser Unterschied bei 500 kW fast 100% beträgt. Durch besonders schnellaufende, trotzdem erfahrungsgemäß durchaus betriebssichere Getriebesätze ist es gelungen, auch das Gebiet der Leistungen unter 500 kW dem Turbogenerator zu gewinnen, so daß heute die Grenzen zwischen Dampfturbinen und Dampfmaschinen bei wesentlich niedrigeren Leistungen liegen (vergl. Teil B, 3). Der besonders hohe Preis von direkt gekuppelten Turbogeneratoren unter 1000 kW ist nicht nur durch technische Gründe zu erklären, sondern vor allem durch die Tatsache, daß in diesem Leistungsbereich Getriebesätze unbedingt den Vorrang haben, weshalb die Firmen davon absehen, besonderes Augenmerk auf die direkt gekuppelten Typen kleiner Leistung zu richten. Dies wird auch durch die Tatsache bestätigt, daß die bedeutenderen Firmen der Vereinigten Staaten, in denen bekanntlich Drehstrom von 60 Hertz üblich ist, in der Lage sind, direkt gekuppelte kleine Sätze von 3600 U/min zu Preisen zu liefern, die unverhältnismäßig niedriger sind als es dem Drehzahlunterschied von 3000 und 3600 U/min entspricht. Selbstverständlich liegt an und für sich bei Sätzen für 60 Hertz die Wirtschaftlichkeitsgrenze zwischen direkt gekuppelten und Getriebesätzen in der Leistung niedriger, und zwar 30 bis 40%, als bei Turbogeneratoren für Drehstrom von 50 Hertz.

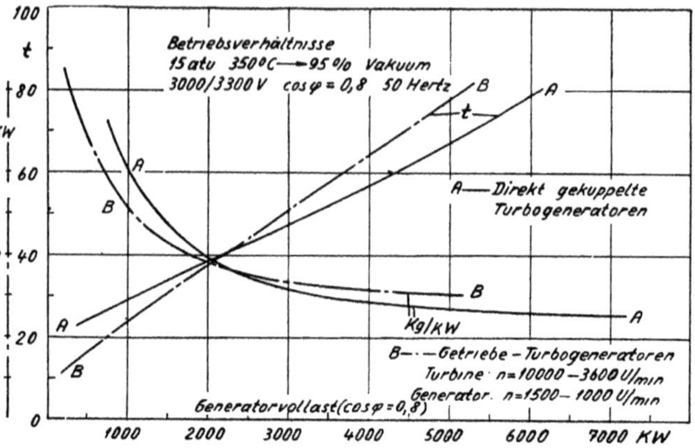

Bild 15.

Gewichte von direkt gekuppelten und Getriebe-Kondensationsdampfturbinensätzen.

Der durchschnittliche Anteil von Turbine, Generator, Kondensationsanlage und gegebenenfalls Zahnradvorgelege an den Gesamtpreisen und Gesamtgewichten von Kondensationsturbogeneratoren wird durch Bild 16 dargestellt.

Es zeigt sich, daß bei kleinen Leistungen und direkt gekuppelten Sätzen der Anteil der Turbine besonders groß ist. Auf diese Weise steigen der Anteil des Generators und der Kondensation mit der Leistung. Bei Getriebesätzen ist der Anteil der Turbine, die sich mit der Leistung auch in der Drehzahl ändert, annähernd konstant, der Anteil des Getriebes sinkt leicht mit der Leistung, während der Anteil des Generators stark steigt. Bei direkt gekuppelten Sätzen ist der Anteil der Kondensationsanlage einigermaßen gleichbleibend 15 bis 20%, bei den Getriebesätzen sinkt er mit steigender Leistung von ungefähr 30% bei 150 kW auf rd. 20% bei 500 kW, um dann ebenfalls annähernd gleich zu bleiben. Der größere Anteil bei den kleineren Getriebesätzen erklärt sich dadurch, daß Turbine, Getriebe und Generator mit der Leistung stark in ihrer Bauart verändert werden, während bei der Kondensationsanlage schon durch die Vielheit der Teile ein gewisser Mindestpreis gegeben ist. Es kann sich daher empfehlen, für kleine Getriebesätze Mischkondensationen statt Oberflächenkondensationen zu verwenden, wenn gutes Rohwasser für die Kesselspeisung zur Verfügung steht.

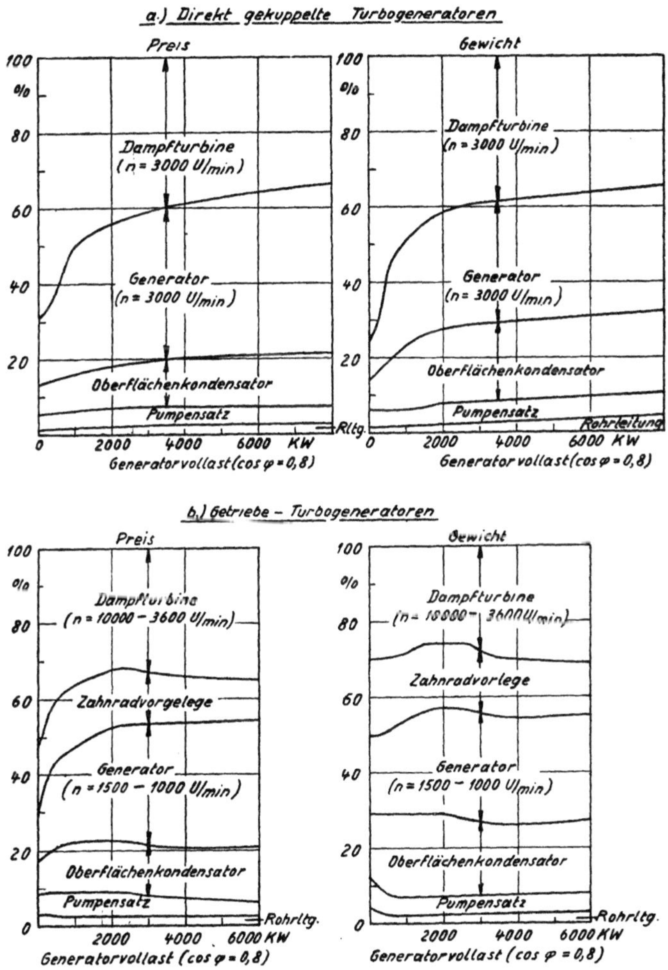

Bild 16.

Preis- und Gewichtsaufteilung von Turbogeneratoren.

Die durch Bild 16 gezeigte Unterteilung von Gewicht und Preis gibt Durchschnittswerte für den oben erwähnten Frischdampfzustand von 15 atü, 350°C und 95% Vakuum. Bei zunehmendem Frischdampfdruck wird die Turbine etwas teurer, die Kondensation entsprechend der geringeren Dampfmenge billiger. Mit Sinken des Vakuums wird die Kondensation infolge der höheren Dampfmenge bei gleicher spezifischer Belastung der Kondensator-Kühlfläche teurer, die Turbine wird durch die unter Umständen gegebene Möglichkeit der Wahl eines kleineren Turbinenmodells infolge des kleineren Volumens des Dampfes in den letzten Stufen billiger.

Die mit Düsenreglung versehenen Axialturbinen haben im allgemeinen ein zweikränziges Curtisrad als erste Stufe, dessen Gefälleanteil, wie im folgenden noch näher ausgeführt wird, bei Turbinen kleiner und mittlerer Leistung verhältnismäßig hoch ist. Auf diese Weise kommt auch bei verhältnismäßig hohem Frischdampfdruck in das Turbinengehäuse selbst nur Dampf von niedrigem Druck. Aus allen diesen Gründen sind die Gesamtpreise von Turbogeneratoren in dem untersuchten Leistungsbereich vom Frischdampfdruck ziemlich unabhängig.

Wie für alle anderen behandelten Ausrüstungsteile der Kraftwerke sind bei der Angabe der Preise und Gewichte der Turbogeneratoren die Unstetigkeiten, die sich in den Kurvendarstellungen unter Berücksichtigung der Änderung der Bauart einzelner Teile ergeben, ausgeglichen, da der Übergang von der einen zu der anderen Konstruktionsart bei den verschiedenen Firmen bei verschiedenen Leistungsgrößen liegt. Als solche zwischen den einzelnen Typen derselben Firma im allgemeinen auftretenden Unterschiede seien beispielsweise erwähnt:

1) Turbine: Änderung in der Drehzahl (bei Getriebeturbinen). Änderung in der Ausführungsart der Regelung: Direkte Betätigung der Düsenventile, Anordnung als Stufenventil, Steuerung über Nockenwelle mit mechanischer oder Ölsteuerung der Servomotoren.
2) Generator: Übergang von Schildlager- zu Stehlagerausführung. Übergang von offener zu geschlossener Ausführung. Übergang von 1500 zu 1000 U/min (bei Getriebesätzen).
3) Zahnradvorgelege: Änderung des Übersetzungsverhältnisses entsprechend den Drehzahlen von Turbine und Generator. Übergang von Einfach- zu Doppelschrägverzahnung.

4) Kondensationsanlage: Ausführung des Oberflächenkondensators mit einer oder zwei Wasserkammern.
Übergang von fliegender Anordnung der Pumpenlaufräder zu zweiseitiger Lagerung.

Trotz aller dieser Möglichkeiten von Unterschieden, bezw. gerade, weil der Übergang von der einen zur anderen Bauart von den einzelnen Firmen bei verschiedenen Leistungen durchgeführt wird, ist es ebenso wie bei allen anderen Kraftwerkselementen möglich, Kurven für Preise und Gewichte aufzuzeichnen, die einen allgemeinen Durchschnitt darstellen.

Auf die „Block"bauart von Turbogeneratoren, bei der durch direkten Aufbau der Turbine auf den Kondensator oder Anordnung des Kondensators neben der Turbine ein besonderer Kondensatorkeller überflüssig wird, wird in Abschnitt IV „Gesamtanordnung" näher eingegangen. Die Anschaffungskosten von Blockturbogeneratoren unterscheiden sich praktisch nicht von den Kosten der Turbogeneratoren normaler Bauart. Ein Unterschied der Gesamtanlagekosten wird durch Ersparnisse an Fundamenten und Baulichkeiten erreicht, die die Blockbauart ermöglicht.

Die Kosten der Montage von Turbogeneratoren sind selbstverständlich stark von den örtlichen Arbeitsbedingungen abhängig. Bezogen auf die durch Bild 14 dargestellten Turbogeneratorenpreise schwanken die zusätzlichen Montagekosten für die Turbogeneratoren selbst einschließlich der Kosten für die Hilfsarbeiter zwischen 8 und 12% der angegebenen Turbogeneratorenpreise, wobei für die Leistungen bis 2500 kW Getriebesätze vorausgesetzt sind. Die höheren Prozentsätze gelten für Turbosätze kleinerer Leistung bis herab zu 500 kW.

In diesen Zahlen sind die Reisekosten über mittlere Entfernungen nach Übersee für einen Spezialmonteur der Turbinenfabrik eingerechnet, der die Montage des Turbogenerators zu überwachen hat.

b) Einfluß der Stromerzeuger.

Wie bereits im vorigen Abschnitt erwähnt wurde, ist der Preisunterschied zwischen direkt gekuppelten und Getriebe-Turbogeneratoren bei kleinen Leistungen und Drehstrom von 50 Hertz in weitem Maße dem Unterschied der Kosten zwischen Drehstrom-Generatoren von 3000 U/min einerseits und solchen mit Drehzahlen von 1000 bezw. 1500 U/min andererseits zuzuschreiben. Mit Rücksicht auf die mechanische Beanspruchung können Generatoren von 3000 U/min in dem Leistungsbereich, der für Kondensations-Turbo-Generatoren in Betracht kommt, nur in der Volltrommel-Bauart gebaut werden (Turbinen-Generatoren). Im Gegensatz dazu ist es bei Generatoren von 1500 bezw. 1000 U/min möglich, Induktoren mit ausgeprägten Polen zu verwenden. Außerdem kann bei den vier- und sechspoligen Maschinen (1500 und 1000 U/min) die Lagerung wesentlich einfacher ausgeführt werden. Die sich ergebenden Unterschiede in Kosten und Gewicht zeigt Bild 17. Bei 1000 kW ist beispielsweise der Preis eines Drehstromgenerators von 1000 U/min ungefähr nur die Hälfte des Preises eines „Turbinen-Generators". Das Gewicht der sechspoligen Maschine ist dagegen nur rd. 20% niedriger als das der zweipoligen. Für den Generator von 3000 U/min ergibt sich also ein wesentlich höherer Kilopreis infolge der zur Verwendung kommenden hochwertigeren Werkstoffe und der höheren Bearbeitungskosten der Maschine (z. B. Fräsen der Induktornuten und Herstellung der Induktorwicklung).

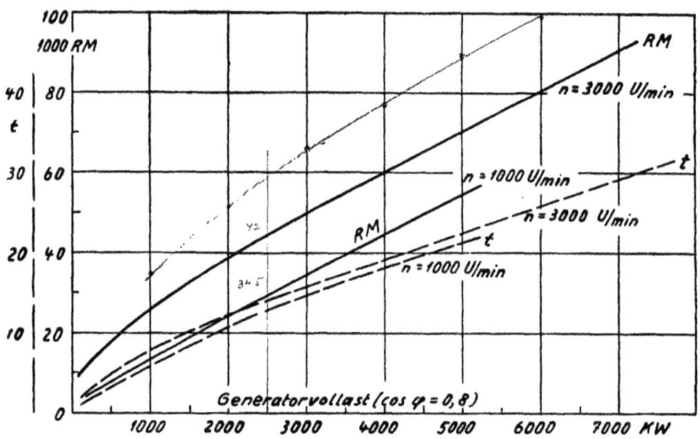

Bild 17.

Kosten und Gewichte von Drehstromgeneratoren 3000 und 1000 U/min, 3000/3300 Volt, 50 Hertz, cos $\varphi = 0{,}8$.

Für die Wettbewerbsfähigkeit von Ljungström-Turbogeneratoren wirkt sich bei kleinen Leistungen die Notwendigkeit der Aufstellung von 2 Drehstromgeneratoren mit je 3000 U/min pro Satz ungünstig aus, wenn auch die besondere Bauart der Generatorinduktoren eine Verbilligung herbeiführt. Man kann daher oft beobachten, daß Firmen, die hauptsächlich Ljungström-Turbinen bauen, bei Sätzen unter 1000 kW Axialmaschinen anbieten.

Die Drehstromgeneratoren für 50 Hertz und 1000 U/min können bis zu Leistungen von rund 1500 kW offen ausgeführt werden, während mit Rücksicht auf das entstehende Ventilationsgeräusch Generatoren mit 1500 U/min ab rund 500 kW und Generatoren mit 3000 U/min stets geschlossene Bauart haben sollten. Die geschlossene Bauart bietet den Vorteil, daß eine Vorsäuberung der Generatorkühlluft durch Filter bezw. eine Rückkühlung der Kühlluft in geschlossenem Kreislauf mittels Luftrückkühler möglich ist. Als Filter haben sich allgemein Zellenluftfilter mit ölbenetzter Metall-Filterfläche eingebürgert, die im Gegensatz zu den früher üblichen Tuchfiltern nicht feuergefährlich sind. Alle diese Filter beruhen darauf, daß man die Generatorkühlluft zwischen ölbenetzten Metall-Oberflächen hindurchzwingt unter vielfacher Unterteilung des Luftstromes, der einen „labyrinth"artigen Weg zurücklegen muß. Die Labyrinthe werden durch entsprechend geformte in Zellen eingebaute Bleche oder durch Raschigringe gebildet. Man beurteilt die Filter nach dem Reststaubgehalt der gereinigten Luft, der Staubspeicherfähigkeit der einzelnen Filterzelle und dem bei hohem Entstaubungsgrad möglichst gering zu haltenden Widerstand, den die Filter dem Strom der Kühlluft entgegensetzen. Die Labyrinthfilter nach Bild 18 haben einen Entstaubungsgrad von 93 bis 94% bei einem Luftwiderstand von rd. 6 mm Wassersäule.

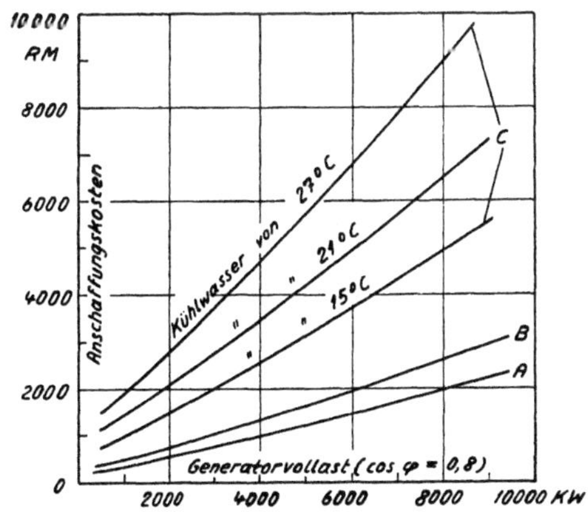

A — Labyrinth-. Metallfilter
B — Raschigring-Filter
C — Luftrückkühler (ohne Signalanlage)
bei verschiedenen Kühlwassertemperaturen und 35°C Kaltluft am Generator.

Bild 18.

Kosten von Metall-Luftfiltern und Luftrückkühlern für Turbinen-Generatoren.

Die Raschigringfilter, für die ebenfalls die Kosten dargestellt sind, arbeiten mit 96 bis 97% Entstaubungsgrad und bieten der Kühlluft einen Widerstand von 8 bis 10 mm Wassersäule. Die Staubspeicherfähigkeit der Zellen der Raschigringfilter ist ungefähr doppelt so groß wie die der für gleiche Menge ausgelegten Zellen des Labyrinthfilters. Die Reinigung der Raschigringzellen, d. h. die Neubenetzung mit staubbindendem Öl braucht also nur halb so oft vorgenommen zu werden.

Erhöhte Sicherheit gegen das Verschmutzen der Generatoren bietet der Zusammenbau der Stromerzeuger mit Luftrückkühlern. Wie Bild 18 zeigt, sind selbstverständlich die Kühlflächen und damit die Kosten der Luftkühler von der größten zu erwartenden Kühlwassereintrittstemperatur abhängig. Die nach den deutschen Normen bemessenen Maschinen sind bekanntlich für eine Kühllufteintrittstemperatur von 35°C ausgelegt, auf die daher der Luftkühler die Generator-Kühlluft rückkühlen muß. Wie bei jedem Wärmeaustauscher hängt die Fläche des Kühlers von der mittleren Temperaturdifferenz des gekühlten und des kühlenden Mediums (Luft und Wasser) ab. Es zeigt sich, daß bei Wahl von Generatoren nach deutschen Normen der Kühlerpreis fast doppelt so hoch wird, wenn die größte Kühlwassertemperatur, für die der Kühler ausgelegt werden muß, 27°C statt 15°C beträgt. In Fällen, in denen die Kondensationsanlage mit rückgekühltem Wasser arbeitet, kann daher zur Verbilligung des Kühlers bezw. zur Vermeidung einer von den Normen abweichenden Auslegung des Generators die Speisung des Kühlers aus einem Tiefbrunnen bezw. mit anderweitig zur Verfügung stehendem Frischwasser ratsam sein. Besonders bei kleinen Anlagen sollte man von der Verwendung des Turbinenkondensats als Kühlmittel absehen, auch wenn Frischwasser für die Kondensatorkühlung zur Verfügung steht. Die Betriebsführung wird durch Verwendung von Kondensat erschwert, da in der warmen Jahreszeit das Kondensat als Kühlmittel für den Luftkühler fast stets zu warm ist, so daß zeitweises Umschalten auf Kondensatorkühlwasser erforderlich wird; außerdem ist der Wärmegewinn, den man durch die Verwendung des Kondensates als Kühlmittel im besten Fall erreichen kann, sehr gering. Die Signalanlage, die als Schutzeinrichtung bei jedem Luftkühler vorhanden sein sollte, um ein Überschreiten der zulässigen Wasser- und Lufttemperaturen anzuzeigen, kann bei kleinen Anlagen einfach gehalten werden; ihre Kosten können je nach der Ausführungsart mit RM 300.— bis RM 1000.—, bezogen auf die Preisbasis der Untersuchung, eingesetzt werden.

Um die Kühlflächen und damit die Ausgaben für den Kühler in wirtschaftlichen Grenzen zu halten, wird man stets mit mindestens 8°C Temperaturdifferenz zwischen Kühlwassereintritt am Kühler und der Luft am Generatoreintritt rechnen. Diese Tatsache und der Umstand, daß der Kühler stets für die höchste im Laufe des Jahres zu erwartende Kühlwassertemperatur angefordert werden muß, ist bei der Auslegung von Generatoren, die mit Luftrückkühlung arbeiten sollen, besonders in tropischen Ländern zu berücksichtigen.

Die angegebenen Kosten von Luftfiltern und Luftrückkühlern gelten für Turbinengeneratoren von 3000 U/min. Da die Isolation von vierpoligen Maschinen im allgemeinen aus weniger hochwertigen Werkstoffen besteht (Klasse A) als die von Turbinengeneratoren (Klasse B), so ist nach fast allen Normen die zulässige Temperaturerhöhung in Stator und Induktor bei den Generatoren mit 1000 und 1500 U/min kleiner als bei denen mit 3000 U/min. Da die abzuführenden Verluste in beiden Fällen ungefähr gleich sind, ist die Kühlluftmenge bei den vier- und sechspoligen Maschinen größer als bei den zweipoligen Turbinengeneratoren. Die Kosten von Luftkühlern, insbesondere aber die von Luftfiltern sind daher bei den langsamer laufenden Maschinen für Getriebesätze entsprechend höher.

c) Kosten und Gewichte in verschiedenen Baujahren.

Nach den im einzelnen angegebenen Quellen ergibt sich das durch Zahlentafel XIII veranschaulichte Bild für die Entwicklung der Preise und Gewichte von direkt gekuppelten Kondensations-Dampfturbinensätzen. Da die nach den verschiedenen Unterlagen ermittelten Preise in tatsächlichen Beträgen kaum auf eine zuverlässige Vergleichsgrundlage zu bringen sind, wird nur die Veränderung der Preise der einzelnen Anlageteile mit der Leistung dargestellt, wobei der Kilowattpreis bei 3000 kW = 1 gesetzt wird. Es zeigt sich, daß mit Ausnahme der Generatoren der Kilowattpreis heute viel stärkeren Veränderungen in dem untersuchten Leistungsbereich unterworfen ist als vor dem Weltkriege. Dieser Unterschied dürfte vor allem durch die heutige höhere Ausnutzung sämtlicher Teile eines Turbogenerators bei größeren Leistungen zu erklären sein. 1933 ist der Kilowattpreis eines direkt gekuppelten Turbogenerators bei 1000 kW ungefähr das Doppelte des kW-Preises bei 3000 kW, während diese Erhöhung 1913 nur 50% beträgt. Von 3000 bis 7500 kW ergibt sich 1913 eine Senkung des kW-Preises von rd. 10%, während sich die entsprechende Änderung 1933 auf rd. 22% beläuft. Es ist dabei die von Klingenberg [1]) festgestellte Tatsache zu berücksichtigen, daß vor dem Kriege der Kilowattpreis ab Leistungen von 5000 kW nahezu unverändert blieb, während heute der kW-Preis über den ganzen für eingehäusige Turbinen in Frage kommenden Leistungsbereich, also bis rd. 25 000 kW, mit der Leistung abnimmt, eine Tatsache, die es mit Rücksicht auf die Anschaffungskosten ratsam erscheinen läßt, die Unterteilung der Leistung eines Dampfturbinenkraftwerkes mittlerer Größe auf die betrieblich zulässige Mindestzahl von Turbinensätzen zu beschränken. Wie sich aus der Zahlentafel ergibt, ist die geringste Änderung in den Kilowattpreisen gegenüber früher bei den Drehstromgeneratoren festzustellen. In der Durchbildung der Stromerzeuger hat sich tatsächlich gegenüber früher weniger geändert als bei den Turbinen und Kondensationsanlagen, was auch dadurch erhärtet wird, daß bei Umbauten älterer Anlagen oft nur die Dampfteile umgestaltet und die Stromerzeuger in ihrer früheren Ausführung beibehalten werden.

Die Verminderung der Gewichte gegenüber der Vorkriegszeit, die besonders augenfällig bei Generatoren größerer Leistung ist, wird vor allem durch die Verwendung von geschweißten Ständergehäusen statt gegossenen erklärlich. Die Gewichte der Turbinen und Kondensationsanlagen haben infolge der höheren Ausnutzung dieser Teile abgenommen. Außerdem hat die von den meisten Firmen angewendete Aufstellung der Turbinen auf Sohlplatten statt auf durchgehenden Grundplatten das Turbinengewicht erheblich vermindert.

---

[1]) Lit.-Nachw. Nr. 7.

Durchschnittliche Kosten und Gewichte direkt gekuppelter Kondensations-Dampfturbinensätze (n = 3000 U/min.) in verschiedenen Baujahren		Zahlentafel XIII															
		Kosten (Verhältniszahlen: RM/kW bei 3000 KW = 1)								Gewicht (kg/kW)							
Leistung (Generatorvollast)	KW	250	500	1000	2000	3000	4000	5000	7500	250	500	1000	2000	3000	4000	5000	7500
Eingehäusige Axial-Turbine	1913 1)	3,4	2,4	1,8	1,2	1,0	0,97	0,94	0,94	48	29	18,3	11,3	7,5	—	—	—
	1923 2)	—	—	—	—	—	—	—	—	—	23	13,5	9,0	7,1	6,6	6,3	5,8
	1933 3)	8,1	5,8	2,5	1,4	1,0	0,88	0,78	0,65	45	22	14,5	8,5	6,2	5,4	5,0	4,3
Drehstromgenerator 50 Hertz - 3000 V cos φ = 0,8	1913 1)	3,7	2,7	1,8	1,25	1,0	0,96	0,90	0,88	20	14	12	—	—	—	—	—
	1923 2)	—	—	—	—	—	—	—	—	—	14	12	9,4	8,0	7,5	7,1	6,7
	1933 3)	3,0	2,5	1,8	1,2	1,0	0,95	0,88	0,81	13,5	11,5	8,5	6,0	5,0	4,5	4,4	4,2
Oberflächen-Kondensation mit elektr. getr. Pumpensatz	1913 1)	2,0	1,8	1,5	1,1	1,0	0,95	0,95	0,95	—	—	—	—	—	—	—	—
	1923 2)	—	—	—	—	—	—	—	—	—	18	12,5	9,6	7,2	6,8	6,6	6,5
	1933 3)	4,2	2,5	1,7	1,2	1,0	0,89	0,85	0,84	11,5	9,5	7,5	5,5	4,7	4,2	4,1	4,1
Gesamter Turbogenerator	1913 1)	2,1	1,9	1,5	1,2	1,0	0,95	0,91	0,90	—	—	—	—	—	—	—	—
	1923 2)	—	—	—	—	—	—	—	—	—	55	38	28	24	21	20	19
	1933 3)	6,0	3,5	2,0	1,3	1,0	0,90	0,84	0,78	70	43	30,5	20	15,9	14,1	13,5	12,6
Getriebe-Turbogeneratoren	1933 4)	4,0	2,4	1,6	1,15	1,0	0,95	0,905	—	41	34,5	25,5	19,2	17,0	16,1	15,4	—
Quellen:	Literatur-Verzeichnis: 1) Nr. 25 u. 34 2) Nr. 12 u. 15 3) Nr. 4 u. 15 4) Nr. 15 u. 17																

2) Konstruktive Besonderheiten kleiner Dampfturbinen.

Für die Bemessung einer Turbine sind vor allem drei Faktoren bestimmend, nämlich der Frischdampfdruck, der Druck in der ersten Stufe und der mit der Höhe des Vakuums zusammenhängende Auslaßverlust. Es ist hierbei vorausgesetzt, daß entsprechend der Wichtigkeit eines guten Dampfverbrauches auch bei Teillasten als erste Stufe ein teilbeaufschlagtes zweikränziges Curtisrad mit Düsenregulierung gewählt wird, während die zweite Stufe bereits voll beaufschlagt wird. Die im folgenden durchgeführten Ermittlungen gelten für die Auslegungslast (= Normallast = 0,8 × Generatorvollast entsprechend den früheren Annahmen) der Turbine. Das abweichende Verhalten der Maschinen bei Überlast (Generatorvollast) und Teillasten wird besonders behandelt.

a) Einfluß des Frischdampfdruckes.

Für die Wahl des Frischdampfdruckes sind, wie im folgenden näher gezeigt wird, bei kleineren Maschinen neben den allgemeinen auch für größere Maschinen geltenden Überlegungen hinsichtlich Wirtschaftlichkeit und Betriebssicherheit vor allem auch konstruktive Gesichtspunkte zu beachten. Da mit Rücksicht auf den Wirkungsgrad des Curtisrades die Innehaltung eines gewissen mindesten Beaufschlagungsgrades erforderlich ist, ergibt sich für kleine Dampfgewichte eine Begrenzung des Frischdampfdrucks, weil der benötigte Querschnitt der Frischdampfdüsen mit steigendem Frischdampfdruck entsprechend dem kleineren spezifischen Dampfvolumen sinkt. Für die Ermittlung der zulässigen Grenzen des Frischdampfdruckes werden folgende Annahmen getroffen:

Geringster zulässiger Beaufschlagungsgrad	$\varepsilon = 15\%$
Düsenaustrittswinkel entsprechend	$\mathrm{tg}\,\alpha = 0{,}35$
Verengungsfaktor zur Berücksichtigung der Düsenwandstärke am Düsenaustritt	$\xi = 0{,}75$
Düsenaustrittshöhe	$l_d = \frac{D}{75}$ bezw.
bei Durchmessern unter 750 mm	$l_d = 10$ mm.

Für die Ermittlung des Druckes hinter den Curtisraddüsen und damit des Erweiterungsverhältnisses werden die Expansionsenddrücke bei verschiedenen Anfangsdrücken festgestellt für:

a) $c_0 / u = 4{,}5$;
$u = 200$ m/sek,
d. h. $c_0 = 900$ m/sek und
$h_0 = (c_0 / 91{,}5)^2 = 97$ kcal/kg.

Das erforderliche Erweiterungsverhältnis, gefunden aus der Beziehung $c_0 \gamma_2 / c_k \cdot \gamma_k$ schwankt bei einem Frischdampfzustand zwischen 8 atü 275°C und 35 atü 425°C zwischen 1,8 und 1,35.

b) $c_0 / u = 4{,}2$;
$u = 175$ m/sek,
d. h. $c_0 = 735$ m/sek und
$h_0 = 64$ kcal/kg.

Das Erweiterungsverhältnis q ergibt sich bei den oben erwähnten Frischdampfdrücken zwischen 1,2 und 1,07.

Für die Durchführung der Rechnung wird der Mittelwert aus beiden Rechnungen, also ein zwischen 1,5 und 1,2 schwankendes Erweiterungsverhältnis q angenommen. Wenn auch die Annahme a) hinsichtlich c_0/u und Umfangsgeschwindigkeit mehr den tatsächlichen Verhältnissen entsprechen dürfte, so ist diese Bestimmung des Erweiterungsverhältnisses berechtigt, weil man die Erweiterung lieber zu knapp als zu reichlich wählt [1]). Als weiterer Grund für die erwähnte Wahl von q kann geltend gemacht werden, daß, insbesondere bei größeren Werten von c_0/u, sehr oft auch Curtisräder mit Reaktion arbeiten, so daß also der Druck hinter den Frischdampfdüsen noch erheblich höher ist als der Druck vor der zweiten Stufe.

Bezeichnet α die Dampfmenge, die bei kritischem Gefälle durch 1 mm² des engsten Querschnittes der Düse geht,

d. h. $\alpha = G/F^{(\mathrm{kg/h\ u.\ mm^2})} = 3600 \cdot 10^{-6} \cdot c_k^{(\mathrm{m/sek})} \cdot \gamma_k^{(\mathrm{kg/m^3})}$

dann gilt die Beziehung

$$D^{(\mathrm{mm})} \cdot \pi \cdot l_d^{(\mathrm{mm})} \cdot \sin \alpha_1 \cdot \xi \cdot \varepsilon \cdot 1/q = G/\alpha.$$

Es folgt unter Zugrundelegung der obigen Annahmen:

a) bei $l_d = D/75$: $D = 25{,}4 \cdot \sqrt{\dfrac{G \cdot q}{\alpha}}$

1) Lit.-Nachw. Nr. 19.

b) bei $l_d = 10$ mm, d. h. bei Raddurchmessern $D < 750$ mm:
$D = 0{,}855 \cdot G \cdot q/\alpha$.

Unter Einsetzen verschiedener Werte von G zwischen 500 und 20 000 kg/h und ferner von verschiedenen Werten von α und q, entsprechend verschiedenen Frischdampfzuständen zwischen 8 atü 275°C und 35 atü 425°C können Kurven für D in Abhängigkeit von der stündlichen Dampfmenge G aufgetragen werden, wobei der jeweilige Frischdampfzustand Parameter wird. Durch Interpolieren der so erhaltenen Kurven bei verschiedenen Werten von D werden die durch Bild 19 gezeigten Kurven erhalten, die anzeigen, welcher Frischdampfdruck bei verschiedenen Durchmessern unter den gemachten Annahmen noch zulässig ist.

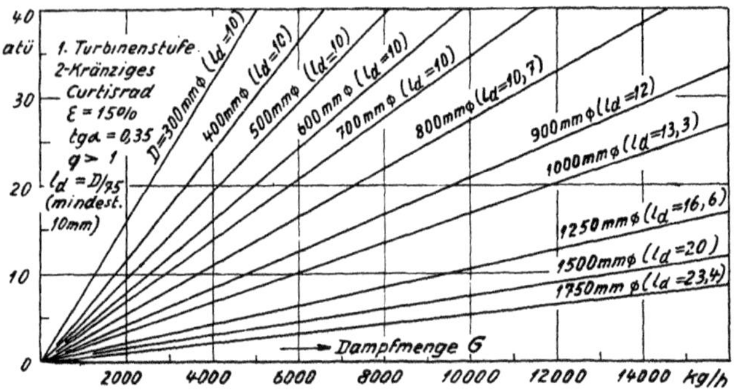

Bild 19.

Zulässiger Frischdampfdruck bei $\varepsilon = 15\%$ Beaufschlagung der ersten Turbinenstufe (Curtisrad).

Es ergibt sich, daß insbesondere bei den für direkt gekuppelte Turbinen von 3000 U/min notwendigen Durchmessern der ersten Stufe von rd. 1000 bis 1250 mm der zulässige Frischdampfdruck aus konstruktiven Gründen bei kleineren Dampfmengen, d. h. kleineren Leistungen recht begrenzt ist. Hierauf wird später bei der Entwicklung des zweckmäßigen Aufbaues von Dampfturbinen näher eingegangen.

b) Druck in der ersten Stufe.

Nach einem ähnlichen Verfahren kann der zulässige höchste Druck vor der zweiten Stufe der Turbine ermittelt werden. Die Höhe dieses Druckes ist vor allem deshalb für den gesamten Aufbau der Turbine von größter Wichtigkeit, weil sich nach ihm der Anteil des Gefälles des aus voll beaufschlagten Stufen bestehenden Niederdruckteils der Turbine richtet. Je größer der Anteil des Niederdruckteils an der Gefälleverarbeitung ist, desto höher wird im allgemeinen der Turbinenwirkungsgrad sein. Für die konstruktive Durchbildung der zweiten Stufe werden folgende Annahmen gemacht:

Mindesthöhe der Düsen: $l_d = D/75$, mindestens aber $l_d = 10$ mm

Düsenaustrittswinkel: $\operatorname{tg} \alpha_1 = 0{,}25$

Verengungsfaktor zur Berücksichtigung der Düsenwandstärke am Düsenaustritt: $\xi = 0{,}85$

Kritisches Gefälle in der zweiten Stufe, was inbesondere bei Gleichdruckturbinen mit ihren verhältnismäßig großen Anteilen der einzelnen Stufen an dem Gesamtgefälle meist zutreffen wird.

Die erwähnte Annahme bezüglich der Düsenhöhe entspricht praktisch bewährten Ausführungen. Die zeitweise sehr modernen besonders kleinen Düsenhöhen bis zu 4 mm haben sich, wie man auch an der Entwicklung der Konstruktionen verschiedener Firmen bemerken kann, nicht bewährt. Auch Versuchsergebnisse zeigen, daß Festhalten an voller Beaufschlagung bezw. hohem Stufendruck um den Preis so kleiner Düsenhöhen wie etwa 4 mm keine Verbesserung, sondern eine Verschlechterung ergibt. Ist wieder $a = G/F$ die Dampfmenge in kg/h u. mm², die bei kritischem Gefälle durch 1 mm² des engsten Düsenquerschnittes hindurchfließt, so gilt:

$$D \cdot \pi \cdot l_d \cdot \sin \alpha_1 \cdot = G/a$$

Es ergibt sich

a) bei $l_d = D/75$: $D = 10{,}8 \cdot \sqrt{G/a}$

b) bei $l_d = 10$ mm, d. h. bei Durchmessern $D < 750$ mm: $D = 0{,}154 \cdot G/a$

Durch Auftragen von D über G mit p_2 (Druck vor der voll beaufschlagten Stufe) als Parameter ergeben sich Kurven, aus denen durch Interpolieren die durch Bild 20 dargestellten Kurven gefunden werden. Diese zeigen in Abhängigkeit von der Dampfmenge bei verschiedenen Stufendurchmessern als Parameter den vor der ersten voll beaufschlagten Stufe einer Turbine zulässigen Druck. Die Auswertung dieses Ergebnisses für die Durchbildung der Turbinen wird in Absatz d) erörtert.

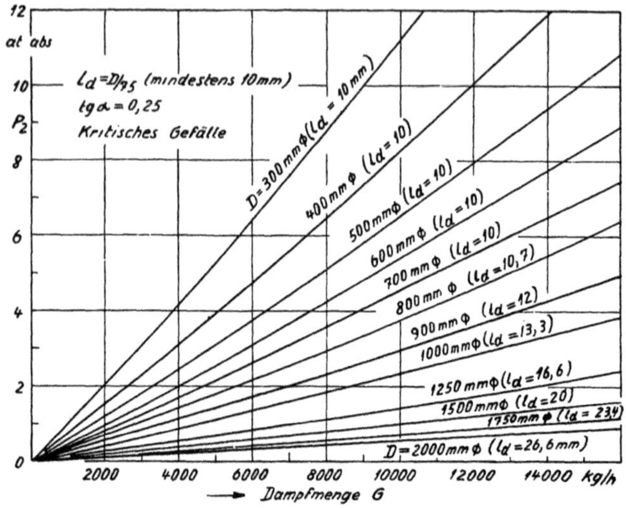

Bild 20.
Erforderlicher Druck vor der ersten vollbeaufschlagten Turbinenstufe.

c) Auslaßverlust.

Neben dem Frischdampfdruck und dem Druck vor der ersten voll beaufschlagten Stufe ist der als zulässig betrachtete Auslaßverlust maßgebend für die Bemessung der Dampfturbine. Es gilt die Beziehung

$$\lambda_a^{\left(\frac{\text{kcal}}{\text{kg}}\right)} = \frac{A}{2g} \cdot c_2^2 = \left(\frac{c_2}{91{,}5}\right)^2$$

Hierbei ist c_2 die absolute Austrittsgeschwindigkeit des Dampfes aus der letzten Stufe in m/sek, die für die Energieerzeugung verloren ist. Im folgenden wird stets vorausgesetzt, daß diese Austrittsgeschwindigkeit axial gerichtet ist, so daß für die Ermittlung von $c_2 = c_a$ die Beziehung gilt:

$$\frac{G}{3600 \cdot F_a} = c_a \cdot \gamma_a$$

Hierbei ist $F_a^{(m^2)} = D^{(m)} \cdot \pi \cdot l^{(m)} \cdot \xi$.

Der Verengungsfaktor ξ wird für die Untersuchung mit 0,9 eingesetzt.

Es ergibt sich:

$$\lambda_a = \left(\frac{G}{3600 \cdot \gamma_a \cdot F_a \cdot 91{,}5}\right)^2$$

$$\text{d. h.}\quad \lambda_a = \left(\frac{G}{3600 \cdot \gamma_a \cdot D_a \cdot \pi \cdot l_a \cdot \xi \cdot 91{,}5}\right)^2$$

Zwischen D und l_a wird für die weitere Rechnung eine feste Beziehung angenommen, nämlich $\frac{l}{D} = \frac{1}{6}$, ein Verhältnis, das im Gegensatz zu Grenzturbinen großer Leistung (l/D bis zu 1/3) für die behandelten Turbinen kleiner Leistung schon zwecks Vermeidung verwundener und damit teurer Schaufeln angemessen erscheint.

Es gilt dann bei gleichem Auslaßverlust mindestens für diese letzte Stufe die Beziehung [1]:

$$\frac{N'}{N} = \frac{G'}{G} = \frac{F'}{F} = \left(\frac{n}{n'}\right)^2,$$

wobei N die Leistung und n die Drehzahl der Turbine ist. Die Umfangsgeschwindigkeiten bleiben also für alle Stufen gleich, die erreichbaren Leistungen vergrößern sich proportional dem Quadrat des Vergrößerungsverhältnisses, d. h. die Leistung der Turbine mit 3000 U/min ist viermal so groß wie die der Turbine mit 6000 U/min.

Aus den oben abgeleiteten Beziehungen ergibt sich ferner

$$\frac{\lambda_a'}{\lambda_a} = \left(\frac{G'}{G}\right)^2 = \left(\frac{\gamma_a}{\gamma_a'}\right)^2 = \left(\frac{D \cdot l}{D' \cdot l'}\right) = \left(\frac{c_a'}{c_a}\right)^2$$

d. h. bei gleichbleibendem Verhältnis l/D:

$$\frac{\lambda_a'}{\lambda_a} = \left(\frac{D}{D'}\right)^4$$

Da in dem behandelten Bereich kleinerer Leistungen vor allem Getriebeturbinen mit hohen Drehzahlen, d. h. hohen Winkelgeschwindigkeiten in Frage kommen, so ist es mit Rücksicht auf die auftretenden Fliehkräfte ($Z = m \cdot r \cdot \omega^2$) empfehlenswert, einen Höchstwert für die Umfangsgeschwindigkeit festzusetzen, der kleiner ist als die heute bei Maschinen mit 3000 U/min üblichen Werte (bis zu 375 m/sek). Es wird daher eine größte Um-

---

[1]) Lit.-Nachw. Nr. 26.

fangsgeschwindigkeit an den Schaufelspitzen von 275 m/sek festgesetzt.

Bei dem Verhältnis l/D = 1/6 ergibt sich dann eine mittlere Umfangsgeschwindigkeit im Schaufelteilkreis der letzten Stufe von u = 6/7 · 275 = 236 m/sek Mit Rücksicht auf die oben angegebene Gleichung für die Fliehkraft ist es ebenfalls zweckmäßig, das erwähnte Verhältnis von Länge der letzten Schaufel zu Stufendurchmesser von l/D = 1/6 zu wählen statt l/D = 1/5 oder noch größer, wie es bei direkt gekuppelten Grenzturbinen üblich ist. Größere Schaufellänge wäre oft auch nicht ausnutzbar, weil bei kleineren Turbinen die durchsetzbare Dampfmenge häufig auch von den durch die Einströmung gegebenen Begrenzungen abhängig ist. Infolge der kleinen Gesamtabmessungen einer solchen Maschine lassen sich auch die Abmessungen der Einströmung nur in gewissen Grenzen verändern.

Das Verhältnis l/D = 1/6 bei Getriebeturbinen ist außerdem, wie schon angedeutet, deshalb unerwünscht, weil dann mit Rücksicht auf die Verschiedenheit der Umfangsgeschwindigkeiten am Schaufelfuß und Schaufelkopf verwundene Schaufeln notwendig wären. Dies würde aber ein für kleinere Turbinen untragbar teures Herstellungsverfahren bedingen. Außerdem würden sich bei höherer Umfangsgeschwindigkeit oft unerwünscht hohe Übersetzungsverhältnisse für das Zahnradvorgelege ergeben.

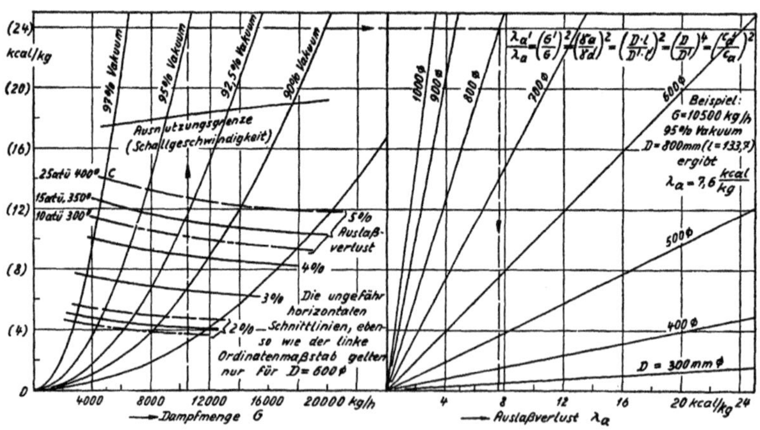

$c_a = c_2 \qquad l_a = D/_6 \qquad x_a = 0{,}94–0{,}96$

Bild 21.

Auslaßverlust bei geometrisch ähnlichen Kondensationsturbinen.

Nach der obigen Gleichung für den Auslaßverlust λ_a können für verschiedene Dampfmengen, Vakua und Stufendurchmesser die Auslaßverluste ermittelt und auf einem Schaubild mit zwei Koordinatensystemen entsprechend Bild 21 dargestellt werden. Dieses Kurvenbild ermöglicht für geometrisch ähnliche Turbinen mit den angenommenen Verhältnissen schnell die Auffindung der Größe des Auslaßverlustes. In den Kurven ist für einen bestimmten Fall auch die Ausnutzungsgrenze für das Vakuum angegeben, d. h. es kann das Vakuum bestimmt werden, über das hinaus eine Erhöhung der Luftleere nutzlos ist, weil sie keine Leistungssteigerung der Turbine mehr bringt. Dieser Punkt ist erreicht, wenn die axiale Komponente der absoluten Austrittgeschwindigkeit aus der letzten Stufe der Schallgeschwindigkeit für den betreffenden Dampfzustand entspricht. Überschreitet nämlich die Relativgeschwindigkeit des Dampfes im Schaufelaustrittsquerschnitt der letzten Stufe die Schallgeschwindigkeit, für den betreffenden Dampfzustand, so tritt am Schaufelaustritt Strahlablenkung ein, die ihren Höchstwert erreicht, wenn die axiale Komponente c_{2a} der absoluten Austrittsgeschwindigkeit c_2 gleich der Schallgeschwindigkeit ist. Der freie axiale Schaufelaustrittsquerschnitt ist als engster Querschnitt einer Ringdüse zu betrachten, in dem sich höchstens Schallgeschwindigkeit einstellen kann. Bei noch höherem Vakuum erfolgt die weitere Expansion des Dampfes radial im Abdampfstutzen, also ohne weitere Leistungsabgabe.

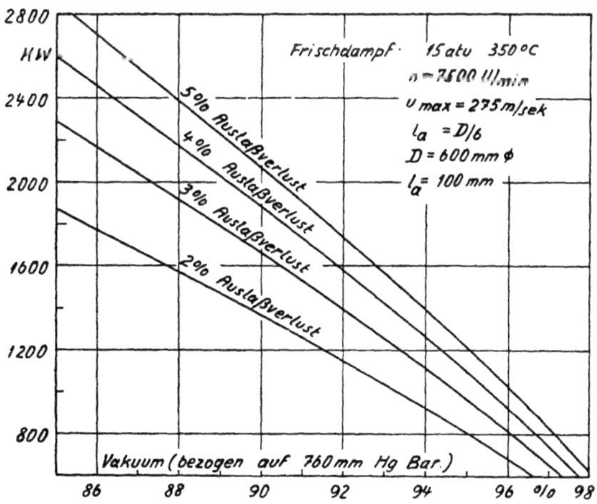

Bild 22.

Grenzleistungen einer Getriebeturbine.

Welchen Einfluß das Vakuum und damit der Auslaßverlust auf den Anwendungsbereich eines Turbinenmodells hat, geht besonders anschaulich aus Bild 22 hervor, in dem für einen Frischdampfzustand von 15 atü 350°C dargestellt wird, welche Leistungen sich mit einer Turbine erreichen lassen, die einen Durchmesser der letzten Stufe von 600 mm und mithin bei $l/D = 1/6$ eine letzte Schaufel von $l_a = 100$ mm hat. Je nach dem zugelassenen Auslaßverlust ergibt sich der Dampfdurchsatz aus der Beziehung:

$$G^{(kg/h)} = 3600 \cdot c_a^{(m/sek)} \cdot \gamma_a^{(kg/m^3)} \cdot F_a^{(m^2)}$$

Für die Ermittlung der erreichbaren Leistung wird gemäß den Erfahrungen mit ähnlichen ausgeführten Maschinen und auch entsprechend den im folgenden durchgeführten Wirkungsgrad-Ermittlungen ein innerer Turbinenwirkungsgrad (ohne Auslaßverlust) von 73—74% angenommen. Unter Berücksichtigung des Auslaßverlustes sowie des mechanischen Wirkungsgrades der Turbine, des Getriebes und des elektrischen Wirkungsgrades des Generators der in Frage kommenden Größenordnung ergibt sich der Klemmenwirkungsgrad und damit der Dampfverbrauch bezogen auf die Generatorklemmen und hiermit die erreichbare Leistung des Generators.

Die mit dem angenommenen Modell erreichbare Leistung schwankt also, nach der letzten Stufe beurteilt, zwischen 550 kW bei 97% Vakuum und 2% Auslaßverlust und 2900 kW bei 85% Vakuum und 5% Auslaßverlust. Diese letztere Leistung, die allerdings für extreme Betriebsverhältnisse angegeben ist, wird jedoch mit Rücksicht auf die Begrenzung der Dampfmenge durch die Turbineneinströmung kaum erreicht werden können. Immerhin ist eine Verwendung des behandelten Turbinenmodells in dem Leistungsbereich von 600 bis 2000 kW je nach zugelassenem Auslaßverlust und Vakuum möglich.

Aus der oben festgesetzten mittleren Umfangsgeschwindigkeit von $u = 236$ m/sek erhält man die Drehzahl bei verschiedenen Durchmessern der letzten Stufe aus der Beziehung:

$$n = \frac{60 \cdot u \cdot 10^3}{D \cdot \pi} = \frac{4500}{D^{(m)}}$$

Es ergibt sich ($l_a = D_a/6$):

D_a	*mm*	300	400	500	600	700
l_a	*mm*	50	66,7	83	100	117
n	*U/min*	15000	11250	9000	7500	6430

D_a *mm*	800	900	1000	1250	1500
l_a *mm*	134	150	167	208	250
n *U/min*	5625	5000	4500	3600	3000

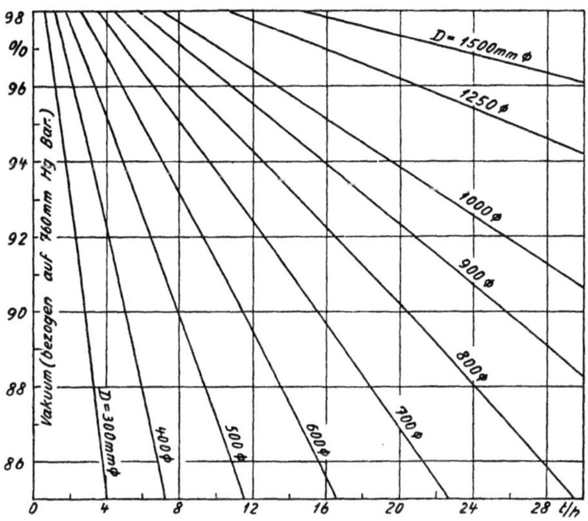

Bild 23.

Ausnutzbares Vakuum bei $\lambda_a = 8$ kcal/kg, $l/D = 1/6$, $\xi = 0{,}9$.

Um die gemachten Ermittlungen bezüglich des Auslaßverlustes in übersichtlicher Weise für eine Untersuchung über den zweckmäßigen inneren Aufbau von Getriebeturbinen nutzbar zu machen, wird über der Dampfmenge mit verschiedenen Durchmessern als Parametern das Vakuum aufgetragen, bei dem ein bestimmter Auslaßverlust erreicht wird, (Bild 23), und zwar wird ein Auslaßverlust von 8 kcal/kg zugrunde gelegt. Dieser Wert entspricht einem Auslaßverlust von 2,7% bei Frischdampf von 34 atü 425°C und 97% Vakuum, bezw. einem Auslaßverlust von 4,2% bei Frischdampf von 10 atü 300 C und 90% Vakuum. Die Annahme dieses konstanten Wertes deckt sich also recht gut mit den zweckmäßigerweise zu machenden Annahmen, da für den in Frage kommenden Leistungsbereich ein Auslaßverlust von 3 bis 4% als zulässig bezeichnet werden muß, wobei der niedrigere Wert bei Maschinen für höheren Druck, die also für besseren Dampfverbrauch (entsprechend hohem Brennstoffpreis) ausgewählt werden, am Platze ist, während bei Maschinen, die mit niedrigerem Druck, also mit höherem Dampfverbrauch arbeiten, auch ein höherer prozentualer Wert des Auslaßverlustes zulässig erscheint.

d) Auswirkung auf den Aufbau der Turbinen.

Die Kurven der Bilder 19, 20 und 23 bilden eine gute Grundlage für die Bestimmung des zweckmäßigen Aufbaus einer Typenreihe von Getriebeturbinen. Es wird hierbei angenommen, daß der Niederdruckteil dieser Turbinen aus Gleichdruckrädern mit unter sich gleichen mittleren Durchmessern besteht, also eine Bauart, wie sie sich in den Ausführungen von vielen Firmen bestens bewährt hat, z. B. AEG, General Electric Company, British Thomson-Houston, Parsons [1]), Escher Wyss. Als erste Stufe wird ein zweikränziges Curtisrad verwendet.

Der Rechnungsgang für diese Ermittlung wird auszugsweise durch Zahlentafel XIV erläutert. Für die Teilwirkungsgrade wurden folgende Werte zugrundegelegt (Bild 24):

a) für den Umfangswirkungsgrad von zweikränzigen Curtisrädern (erste Stufen) die Werte nach Stodola [2]), für einkränzige erste Stufen die Umfangswirkungsgrade nach Baer [3]).

b) für die Radreibung des Curtisrades die von Forner angegebene Formel:

$$N_r^{(kW)} = 20{,}6 \cdot \left(\frac{n}{1000}\right)^3 \cdot D^{4\,(m)} \cdot l_m^{\;(m)} \cdot \gamma\left(\frac{kg}{m^3}\right)$$

Aus verschiedenen Meßergebnissen geht hervor, daß die vielfach empfohlene Verkleinerung der nach dieser Formel erhaltenen Werte bei Anwendung von Radabdeckung nicht berechtigt ist. Dagegen kann man bei kleineren Beaufschlagungsgraden die erhaltenen Werte noch mit $(1 - \varepsilon)$ multiplizieren [4]).

c) Der Schaufelwirkungsgrad der Stufen des Niederdruckteils kann in Abhängigkeit von dessen Qualitätsziffer nach den Berechnungen von Forner [5]) über den Einfluß dieser „hydraulischen Kennzahl" (Gütezahl) berechnet werden. Forner gibt nur die prozentuale Veränderung des Wirkungsgrades, ausgehend von einem Faktor 1,0 an. Es muß daher noch eine An-

---

[1]) Lit.-Nachw. Nr. 9.
[2]) Lit.-Nachw. Nr. 12.
[3]) Lit.-Nachw. Nr. 1.
[4]) Lit.-Nachw. Nr. 4.
[5]) Lit.-Nachw. Nr. 23.

Berechnung des Aufbaus und Wirkungsgrades von Kondensationsturbinen

Zahlentafel XIV

Nr.		Einheit									
(1)	Dampfmenge G	kg/h	1000	5000	10000	1000	5000	10000	1000	5000	10000
(2)	Vakuum (bez. auf 760 mm Hg)	%	90	90	90	95	95	95	97	97	97
(3)	D (bei λ_a = 8 kcal/kg nach Bild 23, mindestens D = 300 mm)	mm	300	400	550	300	550	800	300	700	1000
(4)	Tatsächl. Auslaßverlust: λ_a	kcal/kg	1	8	8	3,6	8	8	6,6	8	8
(5)	n = 4500/D	U/min	15000	11250	8200	15000	8200	5650	15000	6450	4500
(6)	p_1' (nach Bild 19)	atü	8,2	30	45	8,2	22	27	8,2	17,5	17
(7)	Gewählt: p_1	atü	12	15	15	12	20	25	12	15	15
(8)	" : t_1	°C	325	350	350	325	375	400	325	350	350
(9)	p_2 (nach Bild 20)	at abs	1,0	3,95	6,0	1,0	2,8	3,15	1,0	2,2	2,35
(10)	Adiab. Gefälle: h_0 1. Stufe	kcal/kg	125	79	58	125	109	111	125	105	102
(11)	c_0 1. Stufe = $91,5\sqrt{(10)}$	m/sek	1020	815	697	1020	955	965	1020	940	925
(12)	Gewählt: Aufbau d. 1. Stufe	mm ⌀	1/2 300⌀	1/2 350⌀	1/2 500⌀	1/2 300⌀	1/2 500⌀	1/2 750⌀	1/2 300⌀	1/2 600⌀	1/2 900⌀
(13)	u 1. Stufe	m/sek	236	206	214	236	215	222	236	202	213
(14)	c_0/u 1. Stufe = (11)/(13)	–	4,33	3,97	3,26	4,34	4,45	4,35	4,33	4,65	4,34
(15)	η_u (nach Bild 24)	%	68	66,2	68	68	68	68	68	67,5	68
(16)	L_u 1. Stufe = $\frac{G\cdot h_0\cdot \eta_u}{860} = \frac{(1)\cdot(10)\cdot(15)}{860}$	KW	99	304	459	99	430	677	98	415	805
(17)	Radreibung (nach Forner)	KW	4,3	21	35	4,3	19,5	40	4,3	18,2	31
(18)	η_i 1. Stufe = (15)·((16)–(17))/(16)	%	65,1	61,6	63,0	65,0	65,0	65,0	65,0	64,6	65,4
(19)	t_2 nach (10) und (18)	°C	139	241	270	139	217	242	139	190	196
(20)	Adiab. Gefälle: H_0 ND-Teil	kcal/kg	82	144,5	163,5	104	150	164,5	120	151	156
(21)	Bei u = 236 m/sek und c_0/u = 23: h_0 Stufe	kcal/kg	35,5	35,5	35,5	35,5	35,5	35,5	35,5	35,5	35,5
(22)	Stufenzahl im ND-Teil = (20)/(21)	–	2	4	5	3	4	4	3	4	4
(23)	Gewählter Turbinenaufbau	mm ⌀	1/2 300⌀ +2,300⌀	1/2 350⌀ +4,400⌀	1/2 500⌀ +5,550⌀	1/2 300⌀ +3,300⌀	1/2 500⌀ +4,550⌀	1/2 750⌀ +4,800⌀	1/2 300⌀ +3,300⌀	1/2 600⌀ +4,700⌀	1/2 900⌀ +4,100⌀
(24)	Σu^2 Turbine	m^2/sek^2	223200	308200	325000	279000	315200	321000	279000	305200	314000

Nr.		Einheit									
	Dampfmenge	kg/h	1000	5000	10000	1000	5000	10000	1000	5000	10000
	Vakuum	%	90	90	90	95	95	95	97	97	97
(25)	Σu^2 ND-Teil	m^2/sek^2	111600	223200	279000	167400	223200	223200	167400	223200	223200
(26)	H_0 Turbine	kcal/kg	204	216	216	224	251	264	238	250	250
(27)	$q = \Sigma u^2/H_0$ Turbine = (24)/(26)	–	1093	1430	1505	1245	1255	1215	1170	1220	1255
(28)	$\Sigma u^2/H_0$ ND-Teil = (25)/(20)	–	1360	1545	1705	1610	1485	1355	1395	1480	1430
(29)	η_s ND-Teil (nach Bild 24)	%	82,5	84,0	85,0	84,5	83,7	83,5	82,8	83,5	83,0
(30)	H_u' ND-Teil = (20)·(29)	kcal/kg	67,7	121,5	139	88,0	125,4	137	99,5	126	129
(31)	H_i' = (10)·(18)+(30)–(4)	"	148,1	161,9	167,6	165,8	188,3	201,2	174,4	185,9	187,8
(32)	γ Frischdampf = γ_1	kg/m^3	4,76	5,63	5,63	4,76	7,05	8,4	4,76	5,63	5,63
(33)	γ Abdampf = γ_a	"	0,062	0,062	0,052	0,038	0,038	0,038	0,023	0,023	0,023
(34)	$v_m = \sqrt{v_1\cdot v_a} = \frac{G}{3600}\cdot\frac{1}{\sqrt{\gamma_1\cdot\gamma_a}}$	m^3/sek	0,51	2,34	4,70	0,65	2,67	4,90	0,843	3,88	7,75
(35)	$\eta_v' = \frac{v_m}{v_m+0,1}$ (nach Forner)	–	0,836	0,96	0,98	0,866	0,965	0,982	0,894	0,975	0,985
(36)	η_{pi}' (nach Bild 24)	–	0,998	0,995	0,995	0,998	0,991	0,987	0,998	0,995	0,995
(37)	η_{ti}' (" ")	–	0,973	0,982	0,982	0,973	0,989	0,997	0,973	0,982	0,982
(38)	H_i = (31)·(35)·(36)·(37)	kcal/kg	120,4	151,5	160,5	135,5	178	192	151	177	180,5
(39)	$\eta_i = H_0/H_i$ = (26)/(38)	%	59	70,4	74,4	60,6	71,0	72,8	63,5	70,7	72,1
(40)	η_{mech} Turbine (nach Bild 24)	%	97,2	98,7	99	97,4	98,8	99	97,5	98,8	99
(41)	$\eta_e = \eta_i\cdot\eta_{mech}$ = (39)·(40)	%	57,2	69,4	73,5	59,1	70,2	72,1	62,0	69,9	71,4
(42)	η Getriebe (nach Bild 24)	%	96,2	98,2	98,3	96,4	98,2	98,3	96,4	98,2	98,3
(43)	η_{el} (nach Bild 24)	%	91,2	94,4	95,0	91,3	94,5	95,1	91,3	94,5	95,1
(44)	η_{Kl} = (41)·(42)·(43)	%	50,9	64,1	69,5	53,5	64,9	68,0	54,7	64,4	67,5
(45)	D_0 = 860/(26) (u. nach Bild 11)	kg/kWh	4,21	3,98	3,98	3,84	3,43	3,26	3,61	3,44	3,44
(46)	$D_{Kl} = D_0/\eta_{Kl}$ = (45)/(44)	"	8,3	6,0	5,72	7,2	5,3	4,79	6,62	5,35	5,10
(47)	N_{Kl} (0,8 Generatorvollast) = (1)/(46)	KW	120	807	1750	139	945	2085	151	935	1960

nahme bezüglich des maximal erreichbaren Schaufelwirkungsgrades getroffen werden. Hierfür wird ein Wert von 90% angenommen [1]). Von den so erhaltenen Gefällen wird zur Ermittlung des wirklich in der Turbine nutzbaren Gefälles noch der Auslaßverlust abgezogen, der — wie sich auch aus der Zahlentafel ergibt — bei den kleinsten eingeführten Dampfmengen wesentlich geringer ist als der sonst angenommene Wert von 8 kcal/kg. Dies erklärt sich aus dem Umstand, daß man aus konstruktiven Gründen auf keinen kleineren Raddurchmesser als rd. 300 mm gehen kann. Eine Verkleinerung der letzten Schaufel unter die dem Verhältnis l/D = 1/6 entsprechende Länge ist daher für solche Turbinen ohne unzulässige Erhöhung des Auslaßverlustes möglich.

d) Zur Berücksichtigung des Einflusses des mittleren Dampfdurchsatzvolumens V_m wird der ebenfalls von Forner [2]) angegebene Wert

$$\eta_v' = \frac{V_m}{V_m + 0,1}$$

eingesetzt, wobei $V_m^{(m^3/sek)} = \sqrt{V_0 \cdot V_a}$ ist.

e) Für den Einfluß der Temperatur (Dampfnässe) wird eine Kurve (Bild 24) aufgestellt, die den Ergebnissen der Ermittlungen von Zinzen entspricht [3]).

f) Der Einfluß des Druckes wird nach Pape [4]) angenommen. (Bild 24).

g) Für den mechanischen Wirkungsgrad der Turbine und die Wirkungsgrade des Getriebes und des Drehstromgenerators werden Durchschnittswerte, wie sie durch Bild 24 dargestellt sind, eingesetzt.

Soweit die errechneten Wirkungsgrade sich mit Meßergebnissen vergleichen lassen, entsprechen sie den tatsächlichen Werten für entsprechende Maschinen, womit die Berechtigung des entwickelten Verfahrens dargetan ist.

---

[1]) Lit.-Nachw. Nr. 12, S. 209.
[2]) Lit.-Nachw. 23.
[3]) Lit.-Nachw. Nr. 14.
[4]) Lit.-Nachw. Nr. 29.

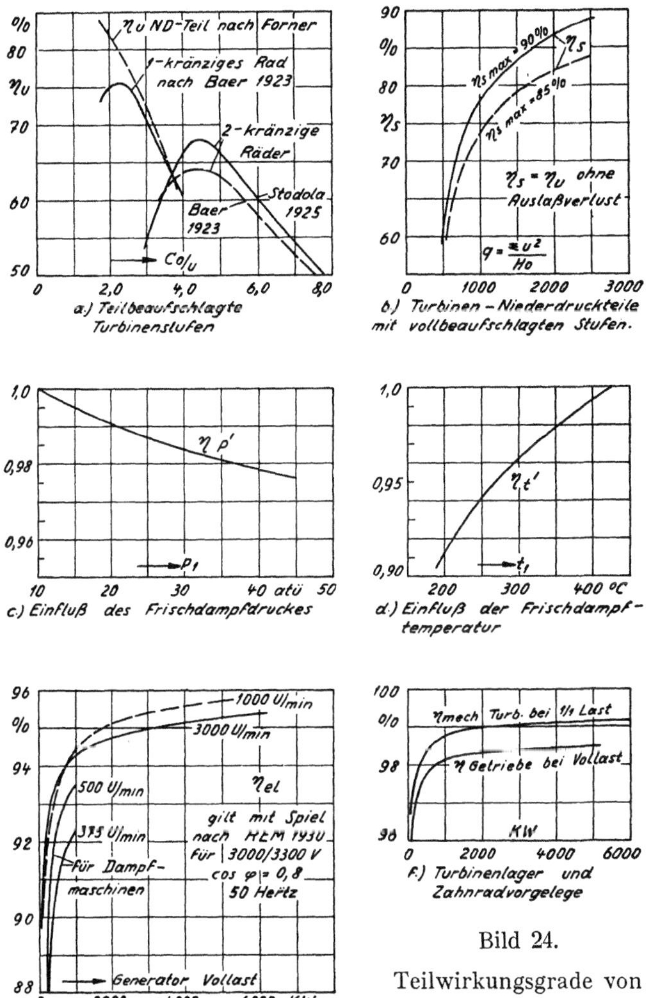

Bild 24.

Teilwirkungsgrade von Turbogeneratoren.

Die Folgerungen, die für die Entwicklung einer Reihe von Getriebeturbinen-Typen aus der durchgeführten Rechnung gezogen werden können, sind in Zahlentafel XV zusammengestellt. Mit Rücksicht auf die besonders hohen Fliehkräfte bei den hohen Winkelgeschwindigkeiten entsprechend 15 000 U/min sind für die kleineren Typen etwas kleinere Umfangsgeschwindigkeiten als 275 m/sek gewählt. Der kleinste Typ hat auf diese Weise eine

Drehzahl von 12 000 U/min, deren Verwirklichung keinerlei Schwierigkeiten bietet.

Zahlentafel XV.

Entwickelte Typenreihe von Getriebeturbinen.

Typ	∅-Curtisrad (zweikränzig) mm	∅-ND-Stufen mm	Zahl der ND-Stufen	Größte Länge der letzten Schaufel mm	Drehzahl U/min	Größte Umfangsgeschwindigkeit m/sek
I	300	300	3—4	50	12 000	220
II	350	400	3—5	67	10 000	245
III	500	531	4—5	92	8 000	268
IV	600	700	4—5	117	6 500	277
V	800	900	4—5	156	5 000	275
VI	1 000	1 250	4—5	210	3 600	275
VII	1 250	1 500	4—5	250	3 000	275

Es zeigt sich der organische Übergang zu direkt gekuppelten Sätzen mit 3600 U/min (Drehstrom von 60 Hertz) bezw. 3000 U/min (Drehstrom von 50 Hertz).

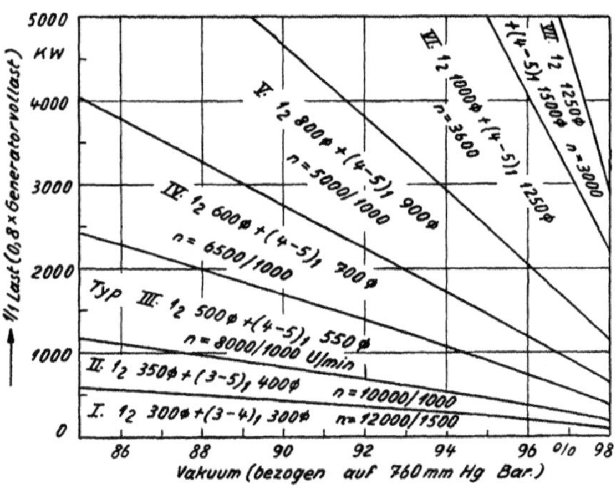

Frischdampf: 15 atü 350°C   Auslaßverlust: $\lambda_a = 8$ kcal/kg

Bild 25.

Leistungsbereich der entwickelten Typenreihe von Getriebeturbinen.

Ausgehend von dem Auslaßverlust von $\lambda_a = 8$ kcal/kg wird für Frischdampf von 15 atü 350°C der Anwendungsbereich der einzelnen Typen untersucht. Bild 25 erläutert, wie sehr die Typenwahl durch das Vakuum beeinflußt wird.

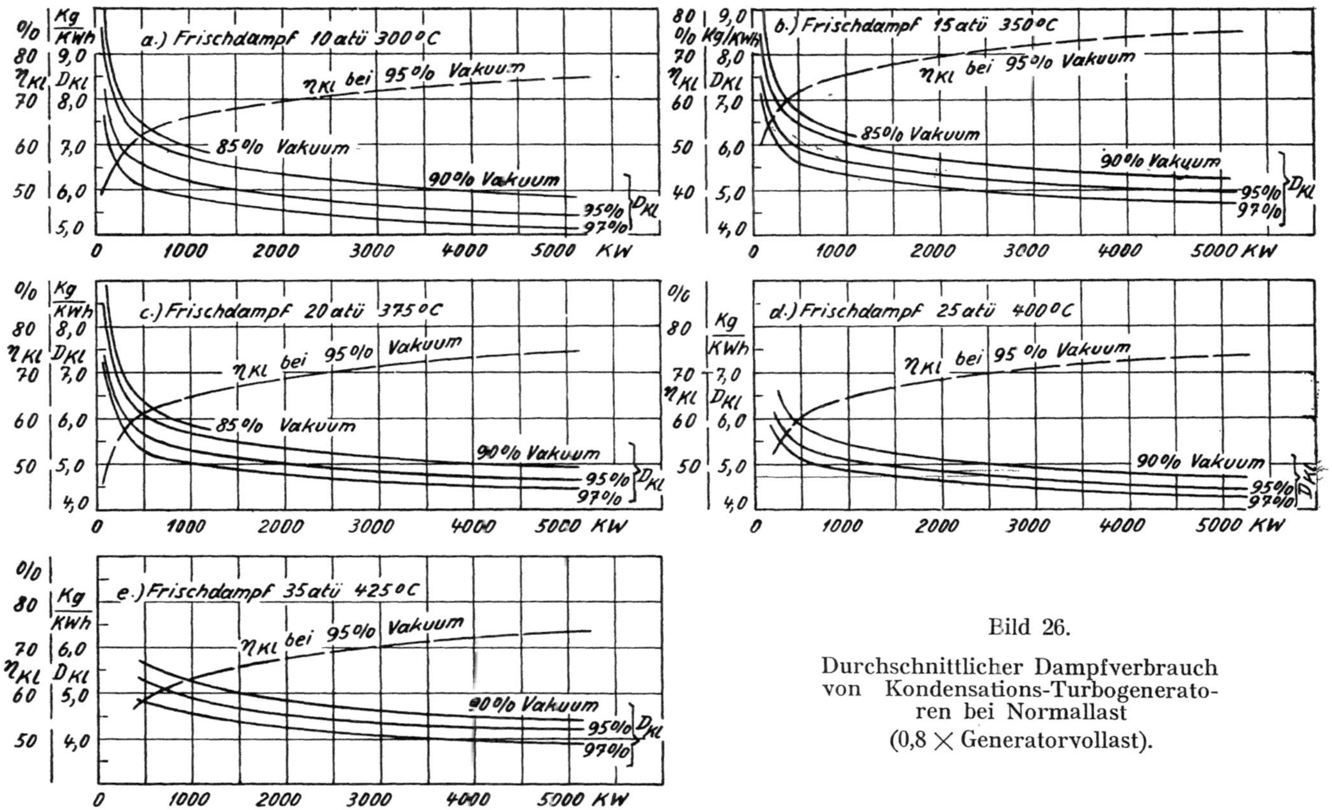

Bild 26.

Durchschnittlicher Dampfverbrauch von Kondensations-Turbogeneratoren bei Normallast ($0{,}8 \times$ Generatorvollast).

e) Wirkungsgrad.

Nach dem gleichen Verfahren, wie es Zahlentafel XIV zeigt, kann auch der Wirkungsgrad von direkt gekuppelten Gleichdruckturbinen errechnet werden, wobei sich wieder die Übereinstimmung mit Versuchsergebnissen ergibt. Auf diese Weise kann für die angenommenen Normal-Frischdampfzustände und verschiedene Vakua der Dampfverbrauch wettbewerbsfähiger eingehäusiger Axialmaschinen in kg/kWh bei Auslegungslast (0,8 × Generatorvollast) ermittelt werden. Das Ergebnis, das als Grundlage für das im Abschnitt IV angegebene Verfahren einer Wirtschaftlichkeitsrechnung für das Gesamtkraftwerk benutzt werden kann, wird durch Bild 26 gezeigt. Bis rund 2000 kW Normallast (2500 kW Generatorvollast) ist die Verwendung von Getriebesätzen vorausgesetzt. Der Zuschlag zu diesen Werten des spezifischen Dampfverbrauches, der bei Turbinen mit Düsenreglung für die Errechnung des Dampfverbrauches bei $^5/_4$ Last (Generatorvollast) und bei Teillasten im Durchschnitt berücksichtigt werden muß, wird durch Bild 27 dargestellt. Für die Ermittlung des Leerlaufdampfverbrauches der Turbogeneratoren kann die bekannte Regel zugrundegelegt werden, daß der Leerlaufdampfverbrauch (kg/h) in Prozent des Dampfverbrauches bei Normallast ungefähr gleich dem Teillastzuschlag ist, der für die Erreichung des spezifischen Dampfverbrauches bei Halblast maßgebend ist. Ist also der Halblastdampfverbrauch in kg/kWh z. B. 10% größer als der spezifische Dampfverbrauch bei Normallast, so ist der Leerlaufdampfverbrauch in kg/h ungefähr gleich 10% des Dampfverbrauches in kg/h bei Normallast.

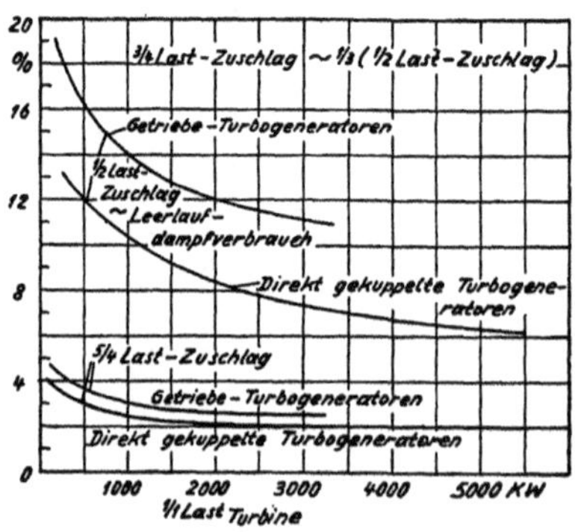

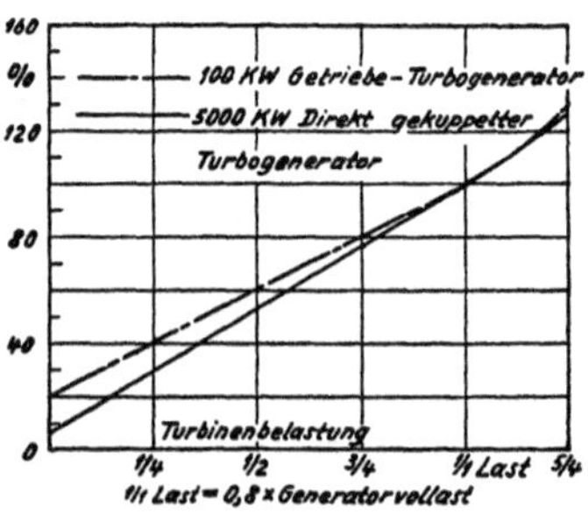

Gültig für eingehäusige Axialturbinen mit Düsenreglung ohne Verbrauch der Kondensation.

Bild 27.
Teillast- und Leerlaufdampfverbrauch von Turbogeneratoren.

3) Untere Grenzen der Wirtschaftlichkeit von Dampfturbinen.

Über die Anwendungsgrenzen von Dampfmaschinen und Dampfturbinen findet man im technischen Schrifttum sehr viele Erörterungen, jedoch wenig Zahlenangaben, die ein objektives Urteil ermöglichen. Außerdem sind gegenüber früheren Jahren die Vergleichsgrundlagen durch die Entwicklung der Getriebeturbinen wesentlich verändert. Es soll hier daher davon abgesehen werden, die viel besprochenen Punkte, wie Ölgehalt des Kondensats, Ungleichförmigkeitsgrad und Instandhaltungs- und Bedienungskosten, zu behandeln, sondern an Hand von listenmäßigen Ausführungen erster Firmen sollen die für eine Wirtschaftlichkeitsrechnung wichtigsten Punkte zahlenmäßig verglichen werden, also Anschaffungspreis, Dampf- und Schmierölverbrauch und Raumbedarf. Bei der Abgrenzung gegenüber Turbogeneratoren kann man sich bei den hier behandelten Kraftwerken für öffentliche Stromversorgung von vornherein darauf beschränken, stehende Doppel-Verbund-Kondensations-Dampfmaschinen mit Kolbenschiebersteuerung zum Vergleich heranzuziehen.

Liegende Dampfmaschinen haben einen unverhältnismäßig großen Platzbedarf und sind außerdem mit Rücksicht auf ihre niedrige Drehzahl in der Anschaffung sehr teuer. Ebenso werden die Stromerzeuger aus diesem Grunde bei direkter Kupplung sehr kostspielig. Der Antrieb der Generatoren über Treibriemen gibt wegen des Riemenschlupfes eine unzuverlässige Frequenz des Drehstromes, weshalb das Synchronisieren mehrerer Sätze unter Umständen auf Schwierigkeiten stößt. Diese beiden Gründe gelten in gleicher Weise für Lokomobilen, außerdem ist bei Lokomobilen eine direkte Kupplung des Generators wegen der Nähe des Kessels mit Rücksicht auf die Generatorerwärmung und die Gefahr der Verschmutzung nicht zu empfehlen [1]).

Es wird daher im folgenden davon abgesehen, liegende Dampfmaschinen und Lokomobilsätze bei der Bestimmung der Wirtschaftlichkeitsgrenzen von Dampfturbinen zu berücksichtigen.

a) Kosten und Dampfverbrauch von stehenden Dampfmaschinen.

Bei den in Deutschland listenmäßig gebauten stehenden Dampfmaschinen unterscheidet man Maschinen mit dem besten Dampfverbrauch bei 80% der Generatorvollast und Maschinen mit

1) Lit.-Nachw. Nr. 3.

bestem Dampfverbrauch bei 60% der Generatorvollast. Die erste Maschinenart ist mit Rücksicht auf ihre stärkere Ausnutzung in der Anschaffung etwas billiger; trotz ihres ungünstigeren Dampfverbrauches bei Generatorvollast kann sie besonders dann wirtschaftlicher sein, wenn die höchste Tagesbelastung des Kraftwerkes erheblich über der durchschnittlichen Last liegt und wenn die Maschine, wie es bei kleineren Werken oft vorkommt, den ganzen Tag über allein den Strombedarf deckt [1]).

Da bei der Dampfmaschine eine Erhöhung des Vakuums über ungefähr 85% hinaus mit Rücksicht auf die Begrenzung der Expansion durch das Zylinder-Volumen (PV-Diagramm) und im Hinblick auf die Beschränkung des Abdampfvolumens durch die Steuerungsquerschnitte praktisch keine Verbesserung des Dampfverbrauches mehr bringt, so ist es für den Dampfverbrauch der Dampfmaschine gleichgültig, ob Oberflächen- oder Mischkondensation gewählt wird. Der Hauptnachteil der Mischkondensation besteht in der Tatsache, daß das Kondensat für die Kesselspeisung verloren geht, allerdings ist eine Rückspeisung auch bei Verwendung von Oberflächen-Kondensationen bei Dampfmaschinen nur mit besonderer Vorsicht (Einbau von Ölabscheidern) möglich, da durch die Schmierung der Zylinder das Kondensat stets einen gewissen Ölgehalt haben wird, so daß auch die Gefahr der Verschmutzung der Rohre des Kondensators besteht. Die billigste stehende Dampfmaschine wird also die mit bestem Dampfverbrauch bei 60% der Generatorvollast und Strahlkondensation sein, die teuerste die mit bestem Dampfverbrauch bei 80% der Generatorvollast und Oberflächenkondensation. Die entsprechenden Durchschnittspreise für den Leistungsbereich von 50 bis 600 kW werden durch Bild 28 dargestellt. In beiden Fällen ist vorausgesetzt, daß die Hilfspumpen elektrisch angetrieben werden. Bei der Oberflächenkondensation wird die Luft durch einen Dampfstrahlluftsauger abgesaugt.

Zum Vergleich mit diesen Dampfmaschinen-Anschaffungskosten werden die verschiedensten Turbinentypen herangezogen. Bild 28 zeigt dementsprechend die ungefähren Anschaffungskosten von einstufigen Getriebeturbinen mit Einspritzkondensation und Oberflächenkondensation, von mehrstufigen Getriebeturbinen mit beiden Arten von Kondensationsanlagen, sowie von direkt gekuppelten mehrstufigen Kondensationsturbinen. In allen Fällen ist der

---

[1]) Lit.-Nachw. Nr. 3.

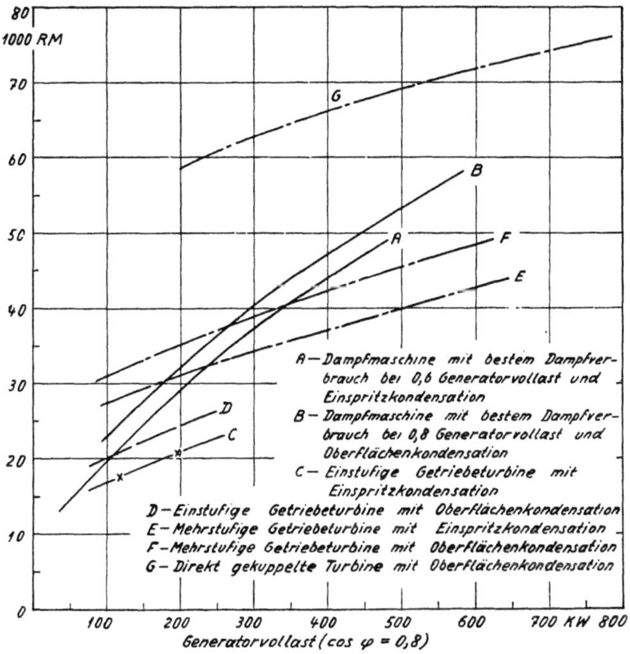

Bild 28.

Kosten von stehenden Verbund-Dampfmaschinensätzen und kleinen Turbogeneratoren einschließlich Kondensation.

Drehstromgenerator für 3000 Volt, cos $\varphi = 0{,}8$ und 50 Hertz im Preise eingeschlossen. Es zeigt sich, daß die mehrstufigen Getriebeturbinen mit Oberflächenkondensation ab rd. 250 kW billiger werden als Dampfmaschinen mit Oberflächenkondensation, während diese Grenze für Dampfmaschinen mit bestem Dampfverbrauch bei 60% der Generatorvollast und Einspritzkondensation erst bei rd. 350 kW liegt. Einstufige Kondensationsturbinen mit Einspritzkondensation sind bereits ab rd. 75 kW billiger als die untersuchten Dampfmaschinen. Direkt gekuppelte Turbogeneratoren sind in dem untersuchten Leistungsbereich stets wesentlich teurer als Dampfmaschinen. Hieraus dürfte sich erklären, daß auch bei Leistungen von 500 kW manchmal Dampfmaschinen noch der Vorzug gegeben wird, da manche Betriebsleiter völlig zu Unrecht der Betriebssicherheit von Zahnradgetrieben nicht trauen.

Ebenso wie bei der Dampfturbine sind die Preise von Dampfmaschinen verhältnismäßig unabhängig vom Frischdampfdruck.

Die kleineren Zylinder-Volumina bei höheren Drücken werden ausgeglichen durch die größeren Wandstärken bezw. die besseren Werkstoffe, die bei höheren Drücken und besonders bei höheren Temperaturen erforderlich sind. Durch die höheren Temperaturen wird die Abnahme des Dampfvolumens, d. h. auch der Zylinderabmessungen infolge der höheren Drücke teilweise ausgeglichen. Das Dampfmaschinentriebwerk, das einen wesentlichen Teil der Maschinenkosten ausmacht, bleibt bei gleicher Drehzahl von den Frischdampfbedingungen unbeeinflußt.

Soweit einzelne Firmen trotzdem Preisunterschiede angeben, liegen sie z. B. für 300 kW Leistung in der Größenordnung von 5—7% zwischen 10 atü 300°C und 15 atü 350°C, wobei der Maschinensatz für den höheren Druck der billigere ist.

Für die Beurteilung der Wichtigkeit der Ersparnisse an einzelnen Teilen von Dampfmaschinen bezw. Turbinenanlagen ist der Preisanteil der einzelnen Anlageteile von Bedeutung. Bei Dampfmaschinen mit Einspritzkondensationen schwankt im Leistungsbereich zwischen 100 und 400 kW der Anteil der Dampfmaschine zwischen 50 und 53% (steigend), der Anteil der Einspritzkondensationen zwischen 17 und 11% (fallend), der Preisanteil des Generators beträgt gleichbleibend rd. 35%. Für Dampfmaschinenanlagen mit Oberflächenkondensationen sind die entsprechenden Zahlen rd. 55%, 18 bis 15% und rd. 30%. Bei Getriebe-Turbogeneratoren mit einstufigen Turbinen und Strahlkondensation liegt im Bereich zwischen 100 und 250 kW der Preisanteil der Turbine in der Nähe von 35%, der Anteil des Zahnradvorgeleges schwankt zwischen 15 und 20%, der des Generators zwischen 25 und 30%, der Anteil der Kondensation ist ungefähr 20%.

Die Preisunterteilung für Getriebe-Turbogengeneratoren mit Oberflächenkondensation wird durch Bild 16 gezeigt.

Der ungefähre Dampfverbrauch von Dampfmaschinensätzen wird auf Bild 29 dem Verbrauch von eingehäusigen Axialturbinen gegenübergestellt. Bei den Dampfmaschinen ist ebenso wie bei den einstufigen Turbinen der Dampfverbrauch vom Vakuum unabhängig, sofern nur das noch ausnutzbare Vakuum zur Verfügung steht, also rd. 85% bei Dampfmaschinen, bezw. 70 bis 85% bei einstufigen Getriebeturbinen (vergl. Bild 31 und Absatz b). Für mehrstufige Turbinen ist dagegen (vergl. Bild 26) der Dampfverbrauch in stärkstem Maße von dem Vakuum, d. h. der Kühlwassertemperatur, abhängig, und es können daher vergleichsweise

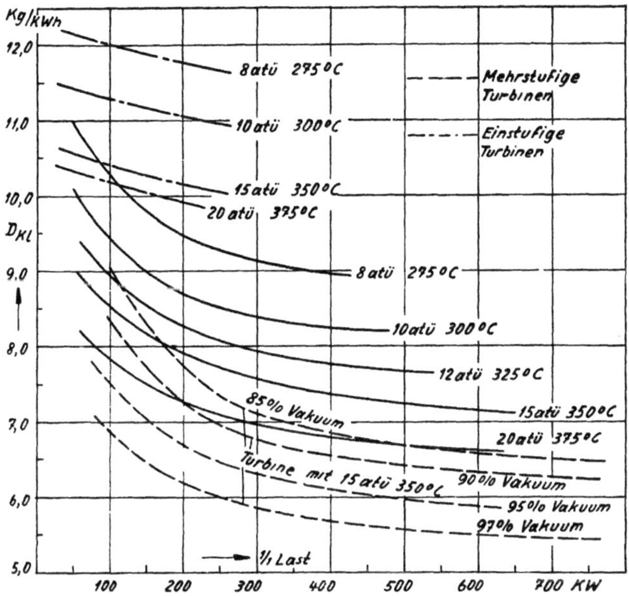

Bild 29.

Dampfverbrauch von stehenden Dampfmaschinensätzen und kleinen Getriebe-Turbogeneratoren.

nur die Dampfverbrauchszahlen für einen Frischdampfzustand (15 atü 350°C) bei verschiedenen Vakua eingetragen werden. Es zeigt sich, daß bei 15 atü 350°C und 90% Vakuum der Dampfverbrauch der mehrstufigen Turbine bereits ab 100 kW besser ist als der der Dampfmaschine. Allerdings sind die Teillastzuschläge der Turbine (vergl. Bild 27 und Bild 30) größer als die der

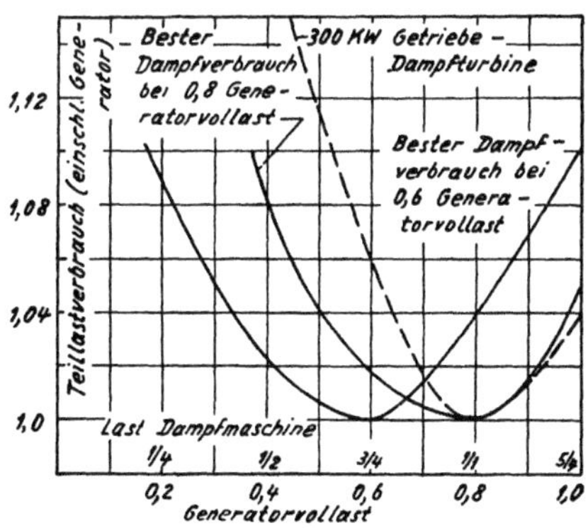

Bild 30.

Teillastverbrauch von stehenden Dampfmaschinensätzen.

Dampfmaschine, so daß sich der durchschnittliche Verbrauch etwas zu Gunsten der Dampfmaschine verschiebt. Von der Leistung ab, wo die Anschaffungskosten des Turbogenerators billiger sind als die der Dampfmaschine, ist also die Überlegenheit der Turbine eindeutig vorhanden (250 kW bezw. 350 kW). Besonders bei höheren Vakua wird die Überlegenheit des Dampfverbrauches der mehrstufigen Turbine in den meisten Fällen bereits bei noch kleineren Leistungen den Vorrang vor der Dampfmaschine sichern.

In der Praxis hört man oft zahlenmäßige Angaben für den Verbrauch von Dampfmaschinen, die zunächst wesentlich niedriger zu liegen scheinen als die Dampfverbrauchszahlen von Turbinen. Dies beruht darauf, daß die Verbrauchszahlen für Dampfmaschinen meist in kg/PS_e h, oft sogar in kg/PS_i h angegeben werden, während für Dampfturbinen allgemein die Angabe in kg/kWh üblich ist. Die Dampfzahlen von Turbogeneratoren werden auch dadurch verbessert, daß die Wirkungsgrade der für die direkte Kupplung mit stehenden Dampfmaschinen in Frage kommenden Drehstromgeneratoren von $n = 500$ bis 300 U/min rd. 4 bis 5% niedriger liegen als bei Drehstromgeneratoren mit $n = 1500$ bezw. 1000 U/min, wie sie für Getriebe-Turbogeneratoren in Frage kommen (vergl. Bild 24).

b) Einstufige Dampfturbinen als Kondensationsmaschinen.

Wie bereits im vorigen Absatz angedeutet wurde, kann bei kleinen Kraftwerken mit geringer Betriebsstundenzahl und billigem Brennstoff der Anschaffungspreis von so ausschlaggebender Bedeutung sein, daß die Aufstellung von einstufigen Curtisradturbinen als Kondensationsmaschinen in Betracht kommt. Der technische Nachteil dieser Turbinen liegt neben der begrenzten Gütezahl ($\Sigma u^2/H_0$) vor allem in dem beschränkten Austrittsquerschnitt der letzten Schaufelreihe. Durch die partielle Beaufschlagung des ersten Schaufelkranzes ergibt sich zwangsläufig, daß nur derselbe Sektor der letzten Schaufelreihe für den Dampfaustritt zur Verfügung steht. Da die Länge der Schaufeln des ersten Schaufelkranzes möglichst klein gehalten werden muß, um einen möglichst großen Beaufschlagungsgrad zu erzielen, so ist schon aus strömungstechnischen Gründen die Länge der letzten Schaufelreihe ebenfalls begrenzt, was eine weitere Beschränkung des Turbinenaustrittsquerschnitts darstellt. Aus den folgenden rechnerischen Ermittlungen ergibt sich, daß trotzdem zweikränzige Curtisräder ausreichen. Bei dreikränzigen Rädern würde der etwas niedrigere Auslaßverlust (größere Schaufellänge des letzten Kranzes) ausgeglichen durch geringeren Umfangswirkungsgrad und größere Radreibung.

Die einstufigen Turbinen verhalten sich also bezüglich der Vakuumausnutzung ähnlich wie Dampfmaschinen und werden ebenso wie diese dann wirtschaftlicher sein, wenn nur sehr warmes Kühlwasser zur Verfügung steht. Der Anschaffungspreis der einstufigen Turbinen ist selbstverständlich bedeutend niedriger als der von mehrstufigen gleicher Leistung, da die Konstruktion der Welle und der Lager bedeutend leichter gehalten werden kann und unter Umständen sogar die Möglichkeit besteht, das Turbinenrad fliegend auf der verlängerten Ritzelwelle anzuordnen. Das Getriebe selbst kann mit Einfachschrägverzahnung ausgeführt werden, während bei mehrstufigen Turbinen erfahrungsgemäß stets Getriebe mit Doppelschrägverzahnung eingebaut werden sollten, die eine elastische Kupplung zwischen Turbine und Getriebe ermöglichen und keinen Axialschub nach außen übertragen.

Für die Untersuchung der Eigenschaften und Verwendungsgrenzen von einstufigen Turbinentypen als Kondensationsmaschinen wird wieder wie in Teil B, 2 eine maximale Umfangsgeschwindigkeit von 275 m/sek bei einem Verhältnis von $l/D = 1/10$ für den letzten Schaufelkranz angenommen. Die Rechnungen werden an einer Turbine mit 500 mm mittlerem Stufendurchmesser und $n = 9000$ U/min durchgeführt, bei einer Länge der letzten Schaufelreihe von $l = 50$ mm. Entsprechend der Erfahrung mit ausgeführten Curtisradbeschaufelungen ergibt sich damit zwangsläufig eine Höhe der Frischdampfdüsen von mindestens 18 mm ($\text{tg}\alpha = 0{,}35$; $\xi = 0{,}75$). Für die Errechnung des Düsenaustrittsquerschnittes und damit des Beaufschlagungsgrades wird angenommen, daß das Curtisrad mit rd. 20% Reaktion arbeitet. Ausgehend von Frischdampf von 15 atü 350°C und unter der Annahme eines Vakuums von 80% ergibt sich rechnungsmäßig ein Erweiterungsverhältnis für die Düsen von rd. $q = 3{,}5$, ausgeführt wird eine Erweiterung von rd. $q = 3$. Bei einer Dampfmenge von 1500 kg/h erhält man einen Beaufschlagungsgrad von rd. 10%.

Die Grenze für die Ausnutzbarkeit des Vakuums in dem einstufigen Turbinenmodell ist durch den Zustand gegeben, bei dem die axiale Komponente der Dampfaustrittsgeschwindigkeit aus der letzten Schaufelreihe gleich der Schallgeschwindigkeit wird vergl. S. 55), d. h. bei 0,2 ata und $x = 1$ gleich einer Geschwindigkeit von rd. 420 m/sek entsprechend einem Auslaßverlust von 21 kcal/kg.

Wie aus den obigen Überlegungen hervorgeht, ist bei den einstufigen Turbinen der Durchmesser der letzten Stufe für den Auslaßverlust nicht ausschlaggebend, da der Austrittsquerschnitt von dem Beaufschlagungsgrad der Stufe abhängig ist. Da sich ein höherer Beaufschlagungsgrad bei gleichem Dampfgewicht ergibt, wenn der Frischdampfdruck niedriger ist, so ist zwangsläufig bei niedrigen Frischdampfdrücken ein höheres Vakuum ausnutzbar.

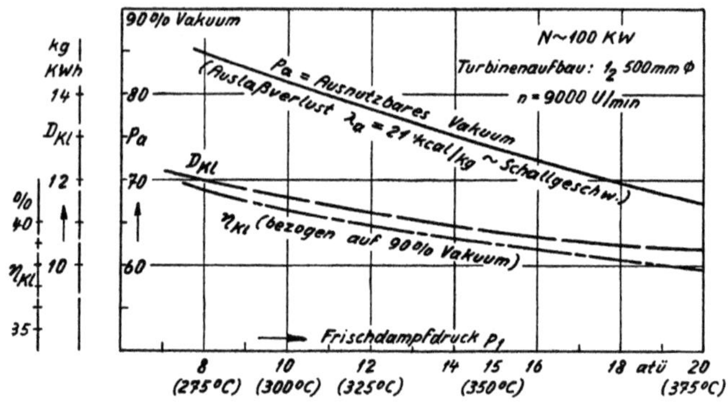

Düsen: $l_d = 20$ mm $\operatorname{tg} \alpha_1 = 0{,}35$ Letzte Schaufel: $l_a = 50$ mm.

Bild 31.

Dampfverbrauch und Vakuumausnutzung bei einstufigen Kondensationsturbinen.

Das Ergebnis wird durch Bild 31 gezeigt. Das ausnutzbare Vakuum, d. h. das Vakuum, bei dem der Auslaßverlust 21 kcal/kg (!) beträgt, schwankt zwischen 81% bei Frischdampf von 10 atü 300°C und 67% bei Frischdampf von 20 atü 375°C. Für eine Dampfmenge von 1000 kg/h und verschiedene Frischdampfzustände wird der Wirkungsgrad der einstufigen Turbine berechnet. Bei einem Frischdampfzustand von 15 atü 350°C ist das ausnutzbare Vakuum entsprechend den Ermittlungen rd. 74%, das c_0/u ergibt sich zu 5,3, mithin ist nach Bild 24 $\eta_u = 64{,}5\%$, die Radreibung nach Forner [1]) beträgt rd. 5 kW, und auf diese Weise ergibt sich, bezogen auf ein Vakuum von 74%, ein innerer Turbinen-

[1]) Lit.-Nachw. Nr. 4.

wirkungsgrad η_i = rd. 50%, wobei der Auslaßverlust von 21 kcal/kg bereits berücksichtigt ist.

In den meisten Fällen wird es zweckmäßig sein, ein höheres Vakuum als das rechnungsmäßig ausnutzbare zu erzeugen, da z. B. mit Kühlwasser von 20°C ein Vakuum von 90% (rd. 95% des theoretischen bei 45-facher Kühlwassermenge) unschwer mit kleinem, d. h. billigem Kondensator herzustellen ist und ein höheres Vakuum zur Verringerung der Radreibung und zur Deckung der Verluste im Abdampfstutzen trotz der Arbeitsgrenzen der Turbine selbst von Nutzen sein kann. Die Dampfverbrauchszahlen bei verschiedenen Frischdampfzuständen sowie die Wirkungsgrade bezogen auf den theoretischen Dampfverbrauch bei einem Vakuum von 90% werden durch Bild 31 gezeigt. Der Dampfverbrauch schwankt zwischen rd. 11,5 kg/kWh bei Frischdampf von 10 atü 300°C und rd. 10,4 kg/kWh bei Frischdampf von 20 atü 375°C. Die entsprechenden Wirkungsgrade bezogen auf 90% Vakuum und auf die Generatorklemmen sind rd. 38,5 bezw. rd. 35,5%. Diese Zahlen gelten für Turbinenleistungen von ungefähr 100 kW.

Mit Rücksicht auf die Veränderung der mechanischen und elektrischen Wirkungsgrade und die bei allen Leistungen ziemlich unverändert bleibende Radreibung wird der Wirkungsgrad bei einstufigen Turbinen bei kleineren und größeren Leistungen entsprechend ab- und zunehmen. Hierzu trägt auch die Veränderung im Beaufschlagungsgrad der Turbinen bei.

Aus den niedrigen Werten der errechneten Wirkungsgrade ersieht man, daß die einstufigen Turbinen nur in besonderen Fällen wirtschaftlich sein werden. Ihr Anwendungsgebiet dürfte im Leistungsbereich bis max. 200 kW liegen. Aus den Preisvergleichskurven nach Bild 28 geht allerdings hervor, daß diese Turbinen besonders bei Zusammenbau mit Strahlkondensationsanlagen in der Anschaffung billiger sind als jede Kondensationsdampfmaschine in diesem Leistungsbereich.

c) Dampfmaschinen mit nachgeschalteten Abdampfturbinen.

Für Dampfanlagen kleinerer Leistung, bei denen auf geringsten Dampfverbrauch Wert gelegt werden muß, kann ähnlich wie bei Schiffsmaschinenanlagen (Bauer-Wach) besonders bei höheren Frischdampfdrücken und gutem Ausnutzungsfaktor der Zusammenbau von Dampfmaschinen und Kondensationsturbinen empfehlenswert sein.

Die Vorteile bezw. Nachteile einer solchen Anordnung sollen an einem 600 kW-Satz, der mit Frischdampf von 20 atü 375°C und 95% Vakuum arbeitet, erörtert werden. Nach Bild 14 betragen für eine Maschine dieser Größe bei Wahl einer mehrstufigen Getriebeturbine die Anschaffungskosten rd. RM 51.000.—, während der Dampfverbrauch bei bester Last (480 kW) entsprechend Bild 26 rd. 5,6 kg/kWh beträgt ($\eta_{kl} = 61\%$). Der Preis einer Dampfmaschine mit bestem Dampfverbrauch bei 80% der Generatorvollast und Oberflächenkondensation beträgt nach Bild 28 rd. RM 58000.—, ihr Dampfverbrauch bei 480 kW nach Bild 29 rd. 6,7 kg/kWh ($\eta_{kl} = 51\%$ bezogen auf 95% Vakuum, bezw. 57,6% bezogen auf das bei Dampfmaschinen ausnutzbare Vakuum von 85%).

Für den Zusammenbau von Dampfmaschine und Dampfturbine wird ein Generator mit n = 1500 U/min als Stromerzeuger gewählt. Dieser Generator wird von der Mitelwelle eines zweistufigen Zahnradvorgeleges angetrieben, dessen Ritzel mit der schnellaufenden Dampfturbine und dessen großes Rad mit der mit n = 300 U/min laufenden Dampfmaschine gekuppelt ist. Für die Dampfturbine wird entsprechend Bild 25 das dort erwähnte Modell III gewählt, dessen Niederdruckteil aus 4 Gleichdruckrädern von 550 mm Durchmesser besteht, die mit n = 8000 U/min laufen. Bei wirtschaftlicher Last wird der Dampfverbrauch des Satzes in der Größenordnung von 2500 kg/h liegen, und dementsprechend ist aus Bild 19 zu entnehmen, daß bei 1,4 ata und 2500 kg/h eine volle Beaufschlagung der ersten Turbinenstufe gerade möglich ist. Die Dampfturbine wird ohne jede Steuerung ausgeführt, so daß der Druck des Dampfes vor der ersten Turbinenstufe sich ungefähr proportional der Dampfmenge ändert. Bei wirtschaftlichster Last (480 kW) arbeitet die Dampfmaschine auf 1,45 ata, so daß unter Berücksichtigung eines Druckabfalles von 0,05 at zwischen Dampfmaschine und Turbine der zulässige Druck von 1,4 at abs vor den ersten Turbinendüsen vorhanden ist.

Aus den Dampfverbrauchszahlen ausgeführter Auspuffdampfmaschinen ergibt sich, daß der effektive Wirkungsgrad einer stehenden Doppelverbundmaschine bei den vorliegenden Betriebsverhältnissen rd. 80% ist. Wie aus Bild 24 hervorgeht, beträgt dagegen der Umfangswirkungsgrad (also ohne Berücksichtigung der Radreibung und der mechanischen Verluste) eines zweikränzigen

Curtisrades max. 68%. Hierin liegt der Hauptgrund für den besseren Dampfverbrauch beim Zusammenarbeiten einer Dampfmaschine mit einer Abdampfturbine. Als Ergebnis einer Rechnung nach demselben Verfahren wie es bei der Durchrechnung der Typenreihe von mehrstufigen Getriebeturbinen (Zahlentafel XIV) angewendet wurde, ergibt sich für die Turbine in dem Arbeitsbereich zwischen 1,4 at abs (x = rd. 1) und 95% Vakuum ein effektiver Wirkungsgrad, bezogen auf die Turbinenkupplung, von 77%. Unter Berücksichtigung der Getriebe- und Generatorverluste erhält man einen Wirkungsgrad des Gesamtsatzes bezogen auf die Generatorklemmen von 72%, entsprechend einem Dampfverbrauch von 4,75 kg/kWh. Auf der gleichen Grundlage wie die Dampfmaschine und die Dampfturbine gerechnet, beträgt der Anschaffungspreis des gesamten Satzes rd. RM. 74 000.—. Einer Ersparnis an Dampfverbrauch von rd. 15% steht also ein Preisunterschied gegenüber dem Getriebe-Turbogenerator von 44% gegenüber. Bei hohem Ausnutzungsfaktor und hohem Brennstoffpreis würde aber entsprechend Abschnitt IV die Brennstoffersparnis den Mehraufwand an Anschaffungskosten durchaus rechtfertigen, so daß für besondere Fälle der Zusammenbau von Dampfmaschine und Abdampfturbine auch für Landkraftwerke von wirtschaftlicher Bedeutung sein dürfte. Für die Betriebssicherheit eines solchen Maschinensatzes ist von Wichtigkeit, daß die Entölung von Dampf über Atmosphärendruck wesentlich leichter ist als die von Vakuumdampf. Der Ölabscheider, der zweckmäßigerweise zwischen Dampfmaschine und Turbine eingeschaltet wird, wird also wirksamer arbeiten als der bei normalen Dampfmaschinenanlagen vor dem Kondensator angeordnete Abscheider.

d) Einfluß der Durchbildung der Kondensationsanlagen.

Auf den Einfluß, den die Durchbildung der Kondensationsanlage auf die Gesamtpreise von Turbogeneratoren und Dampfmaschinensätzen ausübt, wurde bereits in Absatz a (Bild 28) hingewiesen. Die Kosten verschiedener Arten von Kondensationsanlagen werden im einzelnen durch Bild 32 dargestellt. Die Rohrleitungsteile zur Verbindung des Kondensators mit seinen Hilfspumpen sind für normale Aufstellung in den gezeigten Preisen eingeschlossen.

Mit einer Oberflächenkondensation mit rd. 40 kg/h u. m² Kühl-

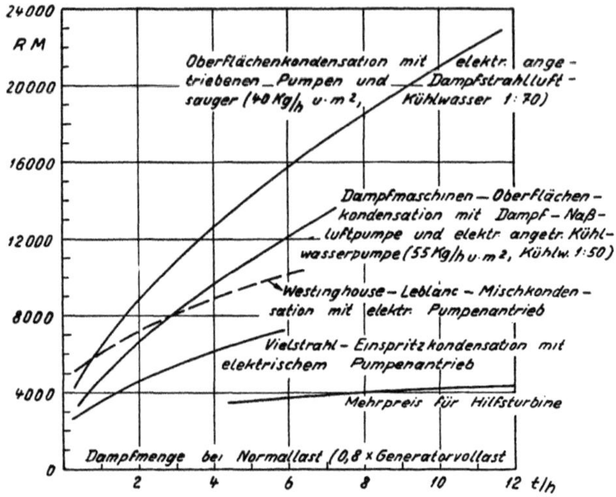

Bild 32.

Kosten von Kondensationsanlagen.

flächenbelastung bei normaler Last (0,8 × Generatorvollast) und mittleren Kühlwassertemperaturen läßt sich ein Vakuum von rund 99% des theoretischen erreichen (vergl. Bild 13). Bei Dampfmaschinen und Kühlwassertemperaturen unter 30°C ist dieses Vakuum bei mittleren Kühlwassermengen (1 : 50) nicht ausnutzbar, (höchstens ausnutzbar: 85—88% bezogen auf 760 mm Hg Barometerstand). Man wird daher für Dampfmaschinen die Kühlfläche des Oberflächenkondensators knapper bemessen (bis 60 kg/h u. m² bei Normallast). Das erreichbare Vakuum wird dann ungefähr 97 bis 98% des theoretischen sein.

Die Oberflächenkondensationen haben den großen Vorteil, daß das Kondensat sofort wieder zur Kesselspeisung verwendet werden kann, ohne durch das Kühlwasser verunreinigt zu werden. Bei sauberem Kühlwasser mit geringem Härtegrad kann trotzdem oft der geringere Anschaffungspreis von Mischkondensationsanlagen ausschlaggebend sein. Für Dampfmaschinenanlagen ist bei einigermaßen weichem Rohwasser Mischkondensation auch vom Betriebsstandpunkt oft der Oberflächenkondensation vorzuziehen, da auch bei Einbau der besten Ölabscheider die Kühlrohre der Oberflächenkondensatoren allmählich durch einen Ölüberzug in ihrer Wirksamkeit stark beeinträchtigt werden; ebenso ist Dampfmaschinenkondensat im Gegensatz zu Turbinenkondensat stets leicht ölhaltig und dadurch für Rückspeisung in die Kessel weniger geeignet.

Das beste Vakuum, und zwar 98 bis 98,5% vom theoretischen, wird durch eine Mischkondensation der Bauart Westinghouse-Leblanc erreicht. Wie Bild 32 zeigt, ist jedoch der Anschaffungspreis einer solchen Kondensationsanlage nicht wesentlich billiger als der einer sparsam bemessenen Oberflächenkondensation, außerdem hat aber die Westinghouse-Leblanc-Kondensation den großen Nachteil eines außerordentlich großen Pumpenkraftbedarfes. Das Kühlwasser wird nämlich durch das Vakuum des Kondensators angesaugt, so daß sich die geodätische Kühlwasserförderhöhe um die dem vollen Vakuum (9—9,5 m) entsprechende Saughöhe vermehrt. Da außerdem der Wirkungsgrad von Pumpen, die mit derartig großen Saughöhen arbeiten, nur mäßig ist (40—45%), so ergibt sich ein Pumpenkraftbedarf, der die Wirtschaftlichkeit der Westinghouse-Leblanc-Mischkondensation meist in Frage stellt.

Verhältnismäßig niedrigen Kraftbedarf und geringe Anschaffungskosten hat die Vielstrahl-Einspritzkondensation, mit der sich allerdings erfahrungsgemäß nur ein Vakuum von max. 92% des Normal-Barometerstandes von 760 mm Hg erreichen läßt. Liegt das theoretische Vakuum unter 95% des Normal-Barometerstandes, so sind mit der Strahlkondensation ungefähr 97% des theoretischen Vakuums erreichbar. In Fällen, in denen mit Rücksicht auf die Kesselspeisung überhaupt eine Mischkondensation in Frage kommt, wird jedoch dieses Vakuum ausreichend sein, besonders wenn der Abdampf von Turbinen mit knappem Querschnitt der letzten Stufe oder von Dampfmaschinen niedergeschlagen werden soll. Der Kraftbedarf der Kondensation ergibt sich durch die örtlichen Verhältnisse und außerdem durch den Beaufschlagungsdruck an den Düsen des Strahlkondensators, der im allgemeinen 6 bis 7 m betragen muß.

Für Turbogeneratoren über 500 kW kommen praktisch nur Oberflächenkondensationsanlagen in Betracht. Als Kühlwasserpumpe und Kondensatpumpe wird man stets Kreiselpumpen wählen; für die Luftabsaugung muß zwischen Wasserstrahl-Luftsaugern mit entsprechender Aufschlagwasserpumpe und Dampfstrahlluftsaugern entschieden werden. Der Preis beider Anordnungen ist im allgemeinen gleich. Ebenso ist bei elektrischem Antrieb der Aufschlagwasserpumpe deren Kraftbedarf, umgerechnet in kg Dampfverbrauch des Turbogenerators, ungefähr gleich groß wie der Treibdampfverbrauch des Dampfstrahlluftsaugers und zwar rd. 1% des Turbogenerator-Dampfverbrauches bei Normallast (vergl. Zahlentafel XXII).

Bei höheren Frischdampfdrücken verschiebt sich dieser Verbrauch zu Gunsten des Wasserstrahl-Luftsaugers. Andererseits kann der Abdampf des Dampfstrahlluftsaugers stets zur Vorwärmung des Kondensates verwendet werden, und zwar ergibt sich in dem betrachteten Leistungsbereich bis 5000 kW bei Normallast durchschnittlich eine Vorwärmung zwischen 5 und 7°C, so daß ein erheblicher Teil der Energie des Strahldampfes für den Wärmekreislauf zurückgewonnen werden kann. Der Hauptvorteil des Dampfstrahlluftsaugers besteht jedoch darin, daß er bei Anfahren des Turbosatzes von irgendwelchem Pumpenantrieb völlig unabhängig ist. Dies wird, gerade bei kleinen Anlagen, fast immer den Ausschlag zu Gunsten des Dampfstrahlluftsaugers geben.

Bei Turbogeneratoren der betrachteten Größe wird es bei elektrisch angetriebener Kühlwasser- und Kondensatpumpe und Dampfstrahlluftsauger stets möglich sein, ohne Fremdstrom anzufahren [1]). Auch bei Fehlen von Fremdstrom ist daher mit Rücksicht auf das Anfahren die Aufstellung einer Hilfsturbine nicht erforderlich. Der Dampfstrahlluftsauger wird gleichzeitig mit dem Öffnen des Turbineneinlaßventiles in Betrieb gesetzt, der Pumpenmotor wird unmittelbar auf den Generator geschaltet und fährt daher gleichzeitig mit dem Generator hoch. Auf diese Weise beginnt, besonders bei schnell anfahrbaren Gleichdruckturbinen, die Kühlwasser- und anschließend die Kondensatförderung so rechtzeitig, daß eine unzulässige Erwärmung des Kondensators vermieden wird, auch wenn kein Vakuumschieber zwischen Turbine und Kondensator angeordnet ist. Auch größere Turbogeneratoren oder solche mit längerer Anfahrzeit können mit motorangetriebenen Pumpensätzen ohne Fremdstrom und ohne Vakuumschieber auf diese Weise angefahren werden, wenn während der Anfahrzeit eine geringe Hilfswassermenge aus einem Rohwasserbehälter oder einer Wasserleitung durch den Ölkühler und anschließend durch den Kondensator geleitet wird (vergl. Bild 48). In tropischen Ländern, in denen Wassermangel und Wasserüberfluß mit der Jahreszeit oft wechselt, oder bei sehr starken Schwankungen der Kühlwassertemperatur in den verschiedenen Jahreszeiten ist es oft wünschenswert, eine Regelung der Kühlwassermenge vorzunehmen. Die bei größeren Turbogeneratoren ange-

[1]) Lit.-Nachw. Nr. 18.

wandte Lösung, 2 Pumpen halber Leistung oder von 60 bis 75% Leistung aufzustellen, ist bei Turbogeneratoren der hier betrachteten Größe zu kostspielig. Man wird daher bei kleinen Sätzen polumschaltbare Motoren wählen und die Kühlwasserpumpe in der wasserarmen bezw. in der kalten Jahreszeit mit niedriger Drehzahl, also kleiner Fördermenge, laufen lassen. Ist mit Rücksicht auf die Pumpennenndrehzahl oder die Pumpencharakteristik diese Regelung nicht durchführbar, oder wird eine gleitende Reglung der Kühlwassermenge über einen bestimmten Bereich verlangt, so wird man auch dann keinesfalls Drosselreglung der Pumpen anwenden, da dies völlige Verlustreglung wäre. Drehstrom-Kommutator-Motoren sind in der Anschaffung zu teuer, und es kann daher durchaus empfohlen werden, für einen solchen Bedarfsfall Regulierschleifringankermotoren mit entsprechenden Regelwiderständen zu verwenden. Der Wirkungsgrad dieser Motoren geht unter Berücksichtigung der Verluste in dem regelbaren Vorschaltwiderstand ungefähr mit der Drehzahl zurück. Trotzdem ergibt sich eine erhebliche Ersparnis an Stromaufwand gegenüber der Reglung der Kühlwassermenge durch Drosseln des Pumpenschiebers.

Entsprechend den obigen Ausführungen ist die Wahl von Hilfsdampfantrieb der Kondensationspumpen bei kleinen Turbogeneratoren mit Rücksicht auf das Anfahren nicht erforderlich. Wird trotzdem dampf-elektrischer Antrieb aus Gründen der Betriebssicherheit, die aber bei rein elektrischem Antrieb keinesfalls gefährdet erscheint, verlangt, so wird man im Hinblick auf die Kostenfrage eine möglichst einfache Ausfuhrung der Hilfsturbine wählen. Direkter Zusammenbau von Elektromotoren mit kleinen Hilfsturbinen, wie sie für den Antrieb von Lokomotiv-Beleuchtungs-Generatoren benötigt werden, hat sich in den letzten Jahren gut bewährt. Reiner Dampfantrieb der Kondensationspumpensätze ist bei kleinen Turbogeneratoren, auch bei Verwendung des Abdampfes zur Speisewasservorwärmung, nicht wirtschaftlich, da die dann erforderlichen Hilfsturbinen mit besserem Wirkungsgrad viel zu teuer werden und außerdem gerade in kleinen Anlagen Abwärme, z. B. aus den Rauchgasen, reichlich zur Verfügung steht.

e) Schmierölverbrauch.

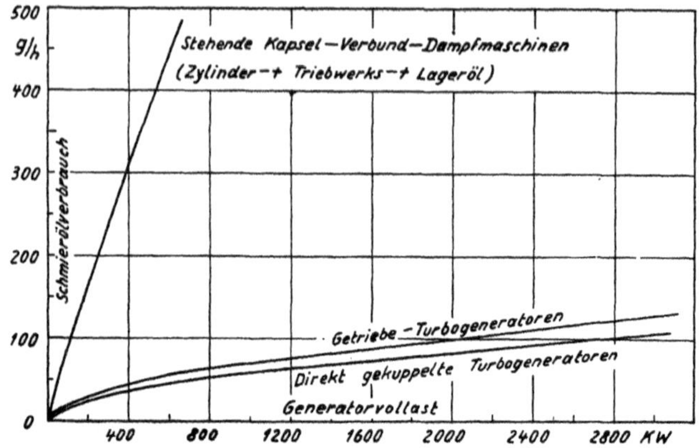

Bild 33.

Schmierölverbrauch von Turbogeneratoren und Dampfmaschinensätzen.

Der Schmierölverbrauch von stehenden Kapselverbunddampfmaschinensätzen ist zwar wesentlich günstiger als der von liegenden Sätzen; trotzdem übertrifft die erforderliche Zusatzölmenge noch wesentlich den entsprechenden Wert bei Turbogeneratoren. In Bild 33 werden die nach zwei maßgebenden Quellen [1]) gültigen Zahlen für beide Maschinenarten einander gegenübergestellt.

f) Raumbedarf.

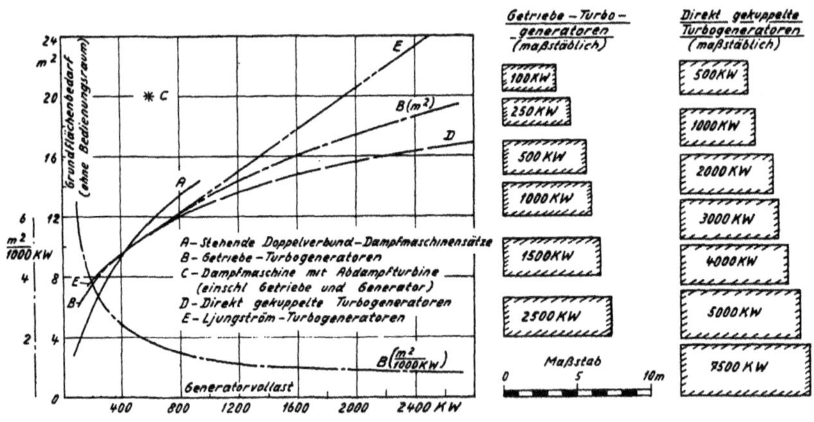

Bild 34.

Durchschnittlicher Grundflächenbedarf von Turbogeneratoren und Dampfmaschinensätzen (ausschl. Bedienungsraum).

[1]) Lit.-Nachw. Nr. 5 und 24.

In Bild 34 wird der durchschnittliche Grundflächenbedarf der verschiedenen in den vorhergehenden Abschnitten erwähnten Arten von Dampfmaschinensätzen und Turbogeneratoren miteinander verglichen. Zusätzlich wird zur Erleichterung des Entwurfs der Grundrisse von Dampfturbinenkraftwerken (vergl. Bild 49) der ungefähre Flächenbedarf von kleineren direkt gekuppelten und Getriebe-Turbogeneratoren maßstäblich dargestellt. Es zeigt sich, daß entgegen der oft vertretenen Anschauung der Grundflächenbedarf von stehenden Dampfmaschinensätzen in dem für diese Maschinen in Frage kommenden Leistungsbereich unter 400 kW eher kleiner ist als der von Turbogeneratoren. Die größere Bauhöhe der stehenden Dampfmaschinen bleibt ohne Einfluß auf den Vergleich des Gesamtraumbedarfs, da die Kranhakenhöhe in einem Turbinenraum bei gleicher Leistung kaum niedriger sein darf als in einem Dampfmaschinenhaus.

C. Kesselhausausrüstung.

1) Dampfleistung und Wirkungsgrad der verschiedenen Kesselarten.

Da Dampfkraftwerke kleiner und mittlerer Leistung meistens in Ländern errichtet werden, in denen die Kesselwartung nicht den höchsten Ansprüchen genügt, so werden nur die bewährtesten Bauarten zum Vergleich herangezogen, und es werden sowohl für die größte dauernde Heizflächenbelastung als auch für die Wirkungsgrade nicht die Spitzenwerte, sondern mittlere auf jeden Fall erreichbare Zahlen eingesetzt. Es wird dementsprechend mit den Werten nach Zahlentafel XVI gerechnet, die bei einer Speisewassereintrittstemperatur von 40 bis 100°C und Verfeuerung von Steinkohle mit einem unteren Heizwert von ungefähr 6500 kcal/kg gelten (Flammrohr- und Rauchrohrkessel ohne, Wasserrohrkessel mit Ekonomiser).

Zahlentafel XVI.

Heizflächenbelastung und Wirkungsgrad von Dampfkesseln.

Kesselart	Größte dauernde Heizflächenbelastung kg/h u. m²	Wirkungsgrade bei wirtschaftl. Last %	Wirkungsgrade bei größter Dauerlast %	Untersuchte Kesselgrößen m²
Einflammrohrkessel	20	68	66	25 – 60
Zweiflammrohrkessel	25	68	66	50— 120
Lokomobilkessel (Flammrohr-Rauchrohrkessel mit ausziehb. Rohrbündel)	25	70	68	20— 200
Teilkammer-Schrägrohrkessel	35	80	78	100— 600
Steilrohrkessel	35	80	78	200—1000
Einflammrohr mit Kohlenstaubfeuerung	25	75	73	25— 60
Zweiflammrohr mit Kohlenstaubfeuerung	30	75	73	50— 120

Der Brennstoffverbrauch B *(kg/h)* des einzelnen Kessels errechnet sich nach den Gleichungen

$$\text{Brennstoffverbrauch } B = \frac{\text{Dampfmenge}}{\text{Verdampfungsziffer}} = \frac{G}{v}$$

$$\text{Verdampfungsziffer } v = \frac{\text{Unterer Heizwert} \cdot \text{Kesselwirkungsgrad}}{\text{Frischdampfwärmeinhalt} - \text{Wärmeinhalt des Speisewassers}}$$

$$v = \frac{H_u \cdot \eta_k}{i_1 - i_{t_{sp}}}$$

Entsprechend den einleitenden Bemerkungen wird die Untersuchung auf einen Frischdampfdruckbereich von 10 bis 40 atü ausgedehnt. Da für Flammrohr- und Lokomobilkessel der höchste zulässige Betriebsdruck für reihenmäßige Ausführung rd. 16 atü beträgt, so beziehen sich die Angaben für diese Kessel auf die Druckgrenzen von 10—16 atü. Bei einem Wirtschaftlichkeitsvergleich von Flammrohr- und Wasserrohrkesseln ist noch zu berücksichtigen, daß der Wirkungsgrad für Teillasten bei Flammrohrkesseln meistens erheblich rascher abnimmt als bei Wasserrohrkesseln. Andererseits haben Flammrohrkessel viel größere Wasserräume, daher eine viel größere Speicherleistung, d. h. die Fähigkeit erhöhter Dampfabgabe bei plötzlicher Leistungssteigerung. Bei allen Kesseln soll angenommen werden, daß die Last des besten Wirkungsgrades (Normallast) bei 80% der größten Dauerlast liegt.

2) Kosten der einzelnen Kesselarten bei verschiedenen Drücken.

Die im folgenden angegebenen Kesselpreise gelten unter den im Abschnitt I gemachten Voraussetzungen einschließlich der Kosten für feuerfestes Mauerwerk, aber ausschließlich der Aufwendungen für einfaches Ziegelmauerwerk und Montage. Alle Preise schließen die Kosten für die erforderlichen Überhitzer ein, bei den Wasserrohrkesseln sind Rauchgasvorwärmer (Ekonomiser) vorgesehen, und zwar für eine Speisewassereintrittstemperatur von 50°C. Die Veränderung der Kesselpreise bei abweichenden Speisewassereintrittstemperaturen, insbesondere bei Vorwärmung des Speisewassers in besonderen Vorwärmanlagen werden im folgenden getrennt behandelt (vergl. Bild 45). Die normalerweise erforderlichen Kesselarmaturen sind in den Preisen eingeschlossen, dagegen nicht Schornsteine bezw. Saugzug- oder Unterwindanlagen. Bei Dampfleistungen über ungefähr 3 t/h sind Saugzuganlagen einschließlich der dazugehörigen Motoren und eines Blechschornsteines in der Anschaffung fast stets billiger als Schornsteine für natürlichen Zug, deren Erstellung in wenig industrialisierten Ländern auch oft erhebliche Schwierigkeiten bereitet. Die ungefähren Anschaffungskosten für vollständige Saugzuganlagen einschließlich Blechschornstein werden durch Bild 35 gezeigt.

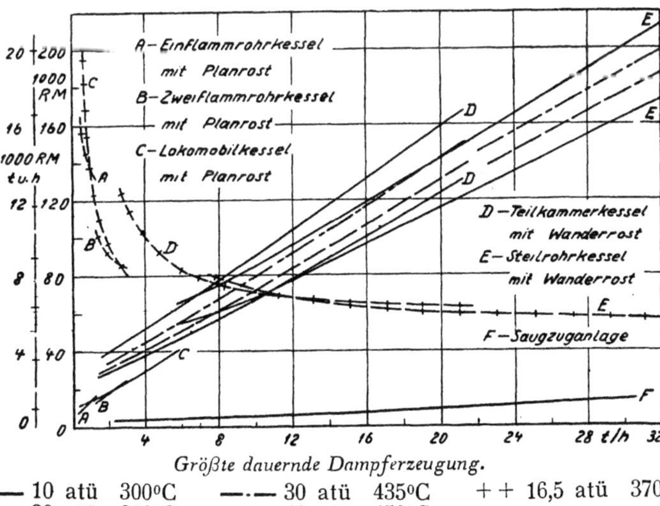

Größte dauernde Dampferzeugung.

—— 10 atü 300°C   —·— 30 atü 435°C   ++ 16,5 atü 370°C

--- 20 atü 390°C   ━━ 40 atü 450°C

Bild 35.

Kosten von Dampfkesseln (0—32 t/h).

Die Preise für die Flammrohr- und Lokomobilkessel sind einschließlich Planrost berechnet, die der Wasserrohrkessel einschließlich Wanderrostfeuerung.

Die Ergebnisse der Untersuchung für die verschiedenen Kesselarten und Betriebsdrücke werden durch die Bilder 35, 36 und 37 dargestellt.

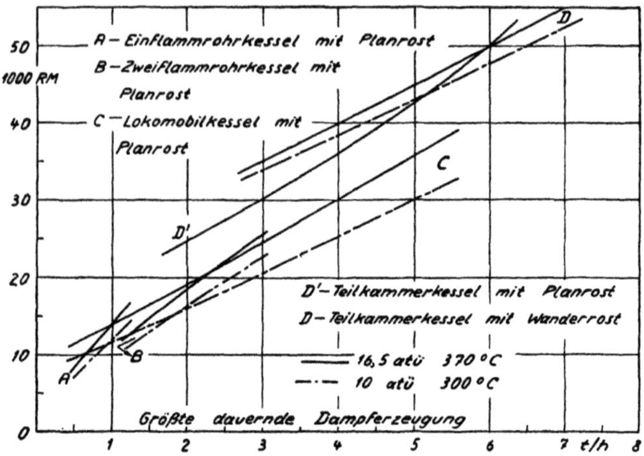

Bild 36.

Kosten kleiner Dampfkessel (0—8 t/h).

Bild 36 zeigt die ungefähren Anschaffungskosten für Kessel kleinerer Leistung. Es erweist sich, daß bei dem maximal in Frage kommenden Druck von rd. 16 atü Flammrohr- und Lokomobilkessel stets billiger sind als Wasserrohrkessel, und zwar auch als Schrägrohrkessel mit handgefeuerter Planrostfeuerung (größte dauernde Heizflächenbelastung rd. 25 kg/m^2 u. h). Soweit die Wirkungsgrade und Betriebseigenschaften von Flammrohr- (Anheizdauer!) bezw. Lokomobilkesseln genügen, ist bei Dampfleistungen bis rd. 5 t/h Lokomobilkesseln der Vorzug vor Wasserrohrkesseln zu geben. Es ist dabei zu beachten, daß diese Kessel, wie erwähnt, nur für Betriebsdrücke bis 16 atü reihenmäßig gebaut werden und daß sie sehr große Transportabmessungen haben, da die Kesselkörper fertig genietet vom Herstellungswerk versandt werden müssen. Bei einem 80 m^2-Zweiflammrohrkessel (Dampferzeugung max. 2000 kg/h) beträgt der Durchmesser des Kesselmantels rd. 2 m und die Gesamtlänge des Kesselkörpers rd. 9 m. Lokomobilkessel sind in dieser Hinsicht bedeutend günstiger, so beträgt z. B. bei einem reihenmäßigen 120 m²-Lokomobilkessel die größte Mantellänge rd. 7 m, bei einem Durchmesser des Kesselkörpers von rd. 2 m. Die Rauchkammern von Lokomobilkesseln können ohne Schwierigkeit getrennt vom Kesselkörper versandt werden. Bei Wahl größerer Durchmesser des Kesselkörpers können für Lokomobilkessel noch günstigere Transportabmessungen erreicht werden. Die Lokomobilkessel haben gegenüber den Flammrohrkesseln noch den Vorteil, daß sie keine besondere Einmauerung benötigen; daher ist ihre Montage besonders einfach.

Bis zu Kesselleistungen von rd. 10 t/h (rd. 300 m² Heizfläche) sind Schrägrohrkessel in den Anschaffungskosten günstiger als Steilrohrkessel; bei größeren Leistungen ist bei Drücken bis zu 25 atü der Preis beider Kesselarten ungefähr gleich, während bei höheren Drücken Steilrohrkessel billiger sind. Bei Teilkammer-Schrägrohrkesseln kann der innere Zustand der Siederohre schnell festgestellt werden, und das innere Reinigen sowie Auswechseln schadhafter Rohre dauert nur einen Bruchteil der bei Steilrohrkesseln benötigten Zeit. Bei letzteren vergehen 1½ bis 3 Tage, bevor der Kessel sich so abgekühlt hat, daß man in seinem Inneren arbeiten kann, während bei Schrägrohrkesseln das Auswechseln von Siederohren im Notfall schon etwa 5 Stunden nach Abschalten vom Dampfnetz möglich ist. Teilkammerkessel werden daher Steilrohrkesseln bei kleiner Kesselreserve öfters vorgezogen [1]).

Die spezifischen Preise der verschiedenen Kesselarten in RM pro Tonne stündlicher Erzeugung von Dampf von 16,5 atü und 370°C werden auch durch Bild 35 dargestellt. In Ergänzung hierzu zeigt Bild 37 die Preisänderung bei verschiedenen Betriebsdrücken, und zwar ist die prozentuale Änderung gegenüber einem Betriebszustand am Kesselaustritt von 16,5 atü 370°C dargestellt. Es zeigt sich, daß die Kosten der Lokomobilkessel sich mit dem Druck mehr verändern als die der Flammrohrkessel, während, wie schon erwähnt, insbesondere bei Drücken über 25 atü Schrägrohrkessel im Preis erheblich mehr steigen als Steilrohrkessel.

Aus Bild 35 geht noch hervor, daß bei Wasserrohrkesseln von über 300 m² Heizfläche (rd. 10 t/h größte dauernde Dampferzeugung) der spezifische Anschaffungspreis mit der Kesselgröße nur

---

[1]) Lit.-Nachw. Nr. 10.

noch unerheblich abnimmt. Diese Tatsache ist für die Unterteilung von Kesselanlagen von größter Bedeutung.

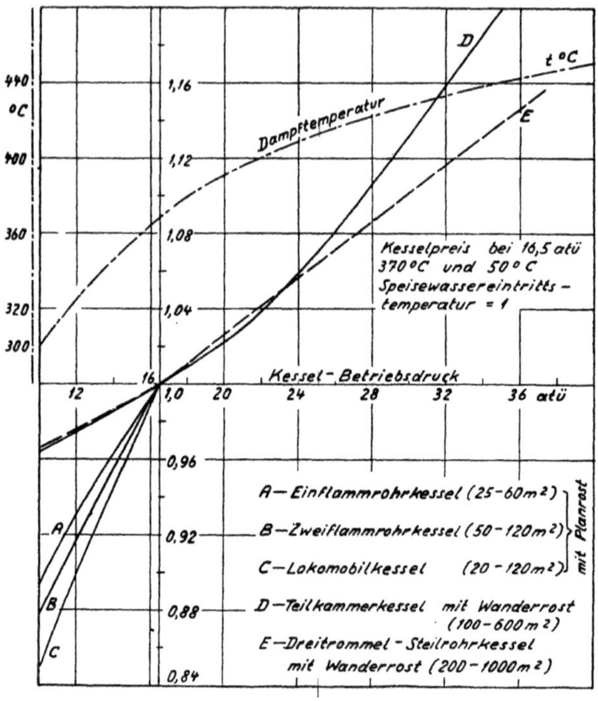

Bild 37.
Änderung des Kesselpreises mit dem Dampfdruck.

Neben den Anschaffungskosten und den Ausgaben für den Kesselhausbau (s. Absatz 4) sind die Kosten der Kesselmontage und der Einmauerung für die Wahl der Kesselart wichtig. Bezogen auf die durch Bild 35 gezeigten Kesselpreise betragen die zusätzlichen Kosten von Einmauerung und Montage für Wasserrohrkessel im Durchschnitt insgesamt rd. 20%, bei den größeren Kesseln über 400 m² Heizfläche rd. 15%. Selbstverständlich ist dieser Zuschlag aber beträchtlich von den örtlichen Kosten von Arbeitskräften und Ziegelmauerwerk abhängig. Bei Flammrohr- und besonders bei Lokomobilkesseln ist die Montage wesentlich billiger.

3) Wahl der Feuerung.

a) Einfluß auf die Kesselkosten.

Die Anschaffungskosten verschiedener Feuerungen werden durch Bild 38 gezeigt. Es sind die Kosten von Planrostfeuerungen für Flammrohr- und Wasserrohrkessel, von Wurffeuerungen für Flammrohrkessel, von Kohlenstaubfeuerungen für Flammrohrkessel sowie von Wanderrostfeuerungen für Wasserrohrkessel dargestellt.

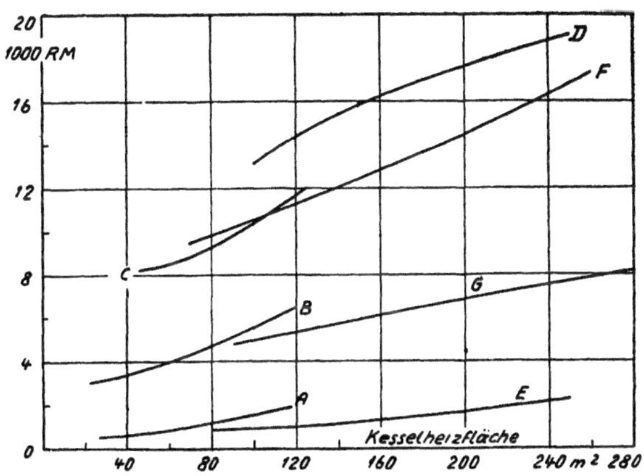

A — Planrostfeuerung für Einflammrohrkessel
B — Wurffeuerung für Einflammrohrkessel
C — Kohlenstaubfeuerung für 1 Zweiflammrohrkessel
D — Kohlenstaubfeuerung mit 1 Mühle für 2 Zweiflammrohrkessel
E — Planrostfeuerung für Teilkammerkessel
F — Wanderrostfeuerung für Teilkammerkessel
G — Ölfeuerung für Teilkammerkessel

Bild 38.
Kosten von Feuerungen für kleine Dampfkessel.

Bei der Errechnung der Kosten der Kohlenstaubfeuerung für Flammrohrkessel wurden Schlägermühlen für direkte Einblasung des Kohlenstaubes vorausgesetzt, ferner Steinkohlenstaub mit durchschnittlichem Heizwert und Mahlkraftbedarf (vergl. Absatz c).

Unter Berücksichtigung der im folgenden Abschnitt behandelten Steigerung des Wirkungsgrades von Flammrohrkesseln durch

Einbau von Kohlenstaubfeuerung erscheint der Preisunterschied zwischen Wurffeuerung für Flammrohrkessel und Kohlenstaubfeuerung nur gering. Es ist dabei noch zu beachten, daß die Kurve B des Bildes 38 die Anschaffungskosten einer Wurffeuerung für Einflammrohrkessel darstellt, während die Kurve C die Kosten einer Kohlenstaubfeuerung für einen Zweiflammrohrkessel zeigt (Kurve D: Kohlenstaubfeuerung mit gemeinsamer Mühle für 2 Zweiflammrohrkessel). In vielen Fällen wird also die Aufstellung von Kohlenstaubfeuerung für Flammrohrkessel nicht teurer sein als die Einrichtung der Kessel für Wurffeuerung.

b) Wirkungsgrad und Dampfleistung.

Bei guter Bedienung der Handfeuerung werden Flammrohrkessel mit Handfeuerung und Wurffeuerung sich in Wirkungsgrad und Dampfleistung kaum unterscheiden; dagegen kann durch Einbau von Kohlenstaubfeuerung in Flammrohrkessel die Kesselleistung und der Wirkungsgrad entsprechend den vorliegenden Betriebs- und Versuchsergebnissen [1]) beträchtlich verbessert werden. Im Durchschnitt kann mit einer Erhöhung des Kesselwirkungsgrades bei wirtschaftlichster Last um rd. 10%, z. B. von 68 auf 75% gerechnet werden. Die erreichbare Steigerung der Kesselleistung beträgt rd. 20%: 30 kg/m² u. h statt 25 kg/m² u. h bei Zweiflammrohrkesseln. Selbstverständlich muß andererseits dem zusätzlichen Kraftbedarf und den zusätzlichen Instandhaltungskosten der Kohlenstaubfeuerung Rechnung getragen werden. Die Wirtschaftlichkeitsgrenzen werden im folgenden Absatz näher untersucht.

In Ländern mit sehr billigen Arbeitskräften werden unter Umständen auch Teilkammerschrägrohrkessel für Planrost-Handfeuerung eingerichtet werden können. Es muß dabei aber berücksichtigt werden, daß Handverfeuerung von Steinkohle statt Wanderrostfeuerung für Schrägrohrkessel nur bei Kesselleistungen bis rd. 5 t/h Dampferzeugung technisch durchführbar ist, da bei größeren Kesseln die Rostgröße eine wirksame Handbeschickung unmöglich macht. Auch läßt sich bei Handfeuerung die Heizfläche des Schrägrohrkessels nur noch mit rd. 25 kg/m² u. h anstatt 35 kg/m² u. h belasten. Die Wirkungsgradabnahme bei guter Bedienung der Handfeuerung wird gegenüber Wanderrostfeuerung 3 bis 4% betragen.

---

[1]) Lit.-Nachw. Nr. 32 und 37.

c) Anwendungsgrenzen der Kohlenstaubfeuerung bei Flammrohrkesseln.

Die Steigerung des Wirkungsgrades und der Leistung von Flammrohrkesseln durch Kohlenstaubfeuerungen läßt es lohnend erscheinen, unter Berücksichtigung des Kraftbedarfes und der Instandhaltungskosten die Grenzen ihrer Wirtschaftlichkeit zu bestimmen. Den folgenden Berechnungen werden nachstehende Annahmen zugrunde gelegt [1]):

1.) Verfeuerter Brennstoff: Steinkohle mit H_u = 6500 kcal/kg unterem Heizwert.
2.) Kohlenpreis für Planrostkohle: RM 20.—/t.
3.) Wirkungsgrad des Kessels mit Kohlenstaubfeuerung: 75% bei wirtschaftlichster Last bezw. 73% bei größter Dauerlast statt 68 bezw. 66% bei Hand- oder Wurffeuerung.
4.) Dampferzeugung des Zweiflammrohrkessels: max. 30 kg/m^2 u. h (statt 25 kg/m^2 u. h bei Wurffeuerung oder Handfeuerung).
5.) Kraftbedarf für das Mahlen der Kohle im Mittel: 22 kWh/t bei 10 bis 15% Rückstand auf einem Sieb mit 4900 Maschen/cm^2.
6.) Instandhaltungskosten der Kohlenstaubfeuerung: 0,30 RM/t vermahlene Kohle.
7.) Frischdampfzustand am Überhitzeraustritt: 16,5 atü 370°C (i = 761,5 kcal/kg).
8.) Speisewassereintrittstemperatur: 50°C.
9.) Strompreis für den Mühlenantrieb: RM 0,05/kWh.
10.) p = Kapitaldienst = Amortisation + Verzinsung = 0,15.

Die Entwicklung des Kraftbedarfes von Kohlenstaubschlägermühlen wird durch die folgende Zusammenstellung [1]) beleuchtet. Der Kraftbedarf einer voll belasteten Mühle für gut mahlbare Kohle betrug bei verschiedener Ausmahlung (Sieb mit 4900 Maschen/cm^2):

Zahlentafel XVII.

Kraftbedarf von Kohlenstaubschlägermühlen.

Jahr	Kraftbedarf in kWh/t bei 10	15	25% Rückstand
1929	—	25	20
1931	25	20	16
1934	18	15,8	14,5

[1]) Lit.-Nachw. Nr. 37.
[2]) Lit.-Nachw. Nr. 32.

Da ferner der Kraftbedarf einer Schlägermühle pro Tonne Mahlleistung bei Halblast kaum höher ist als bei Vollast und auch bei Viertellast kaum ein höherer Kraftbedarf als rd. 30 kWh/t bei einer den oben erwähnten Bedingungen entsprechenden Kohle zu erwarten ist, so ist der als Mittel über den gesamten Belastungsbereich entsprechend Annahme 5 eingesetzte Wert von 22 kWh/t sehr vorsichtig gewählt. Ähnliches gilt für alle übrigen nicht besonders besprochenen Annahmen.

Die Wirtschaftlichkeitsgrenzen sollen für den Neubau von Kesselanlagen mit Zweiflammrohrkesseln ermittelt werden. In den meisten Fällen wird eine Kohlenstaubmühle für mehrere Flammrohrkessel gleichzeitig den Brennstoff liefern; hier jedoch wird die für den Kapitalaufwand ungünstigere Annahme gemacht, daß jeder Zweiflammrohrkessel eine besondere Mühle mit dem dazugehörigen Zusatzluftgebläse, den Vorlagen und Brennern erhält. Die Untersuchung erstreckt sich auf Zweiflammrohrkessel mit 50 bis 120 m^2 Heizfläche entsprechend einer größten dauernden Dampfleistung von 1500 bis 3600 kg/h. Es soll jeweils ein Zweiflammrohrkessel mit einer Mühle aufgestellt sein. Der Ausnutzungsfaktor der Anlagen soll zwischen 0,1 und 0,4 schwanken, es soll sein:

G = Stündliche Dampfmenge
B_h = Stündlicher Kohlenverbrauch in kg
B_j = Jährlicher Kohlenverbrauch in t
n = Ausnutzungsfaktor (s. Abschnitt II)
K = Kapitalaufwendung für die Kohlenstaubfeuerung (nach Bild 38).

Es wird der Preisunterschied „x“ zwischen Planrostkohle und Staubfeuerungskohle errechnet, der zur Rechtfertigung der Wahl von Kohlenstaubfeuerung erforderlich ist.

Es gilt dann die Grenzbeziehung:

Kapitaldienst pro Jahr für die Kosten der Kohlenstaubfeuerung $(= 0{,}15 \cdot K)$ = Jährliche Ersparnis an Betriebskosten durch Kohlenstaubfeuerung.

Die jährliche Ersparnis an Betriebskosten ist gleich der jährlichen Ersparnis an Kohlekosten vermindert um den zusätzlichen Aufwand für Stromkosten durch die Kohlenstaubmühle und um die zusätzlichen Instandhaltungskosten. Nach den obigen Annahmen betragen die jährlichen Ersparnisse an Kohlenkosten

a) infolge billigeren Kohlenpreises:

$B_j \cdot$ (Planrostkohlenpreis — Staubkohlenpreis) $= x \cdot B_j$

b) infolge höheren Wirkungsgrades:

$$B_j\left(\frac{\eta'}{\eta} - 1\right) \cdot \text{Planrostkohlenpreis} = B_j\left(\frac{73}{66} - 1\right) \cdot 20$$

Ferner: Jährliche Stromkosten $= B_j \cdot$ Kraftbedarf pro t $\cdot$ kWh-Preis

$$= B_j \cdot 22 \cdot 0{,}05 = B_j \cdot 1{,}1$$

Jährliche Instandhaltungskosten: $B_j \cdot 0{,}30$ (*RM/t*) $= B_j \cdot 0{,}3$

$$[B_h = \frac{G}{\text{Verdampfungsziffer } v}$$

$$v = \frac{H_u \cdot \eta}{i_1 - i_{t_{sp}}} = \frac{6500 \cdot 0{,}73}{761{,}5 - 50} = 6{,}65$$

$$B_j = 8{,}76 \cdot B_h \cdot n] \text{ (n = Ausnutzungsfaktor)}$$

Mithin ist

$$0{,}15 \cdot K = x \cdot B_j + B_j \cdot \left(\frac{73}{66} - 1\right) \cdot 20 - B_j\,(1{,}1 + 0{,}3)$$

Das Ergebnis wird durch Zahlentafel XVIII gezeigt:

Zahlentafel XVIII.

Wirtschaftlichkeitsgrenzen der Kohlenstaubfeuerung für Zweiflammrohrkessel bei Neuanlagen.

Heizfläche des Zweiflammrohrkessels		m^2	50	60	80	100	120
x = Unterschied im Kohlenpreis zwischen Planrost und Staubkohle, von dem ab Aufstellung einer Kohlenstaubfeuerung wirtschaftlich ist	bei Ausnutzungsfaktor n = 0,1	*RM*	5,60	4,80	3,60	3,30	3,05
	n = 0,25	*RM*	1,85	1,50	1,05	0,90	0,80
	n = 0,4	*RM*	0,90	0,65	0,40	0,30	0,20

Bei einem 50 m^2-Zweiflammrohrkessel und $n = 0{,}1$ liegt die Wirtschaftlichkeitsgrenze bei einem Kohlenpreisunterschied pro Tonne von RM 5,60, während bei einem 120 m^2 Kessel und einem Ausnutzungsfaktor $n = 0{,}4$ praktisch kein Unterschied im Kohlenpreis mehr nötig ist, um die Wirtschaftlichkeit einer Kohlenstaubfeuerung zu rechtfertigen; diese wird bereits durch die Kohlenersparnisse infolge des höheren Wirkungsgrades des staubgefeuerten Kessels gesichert.

Selbstverständlich sollen die obigen Ausführungen im wesentlichen nur einen Anhalt für die Errechnung der Wirtschaftlichkeitsgrenzen von Kohlenstaubfeuerungen geben; die einzelnen oben gemachten Annahmen dürften sich in praktischen Fällen, zum mindesten teilweise, ändern.

Es muß noch darauf hingewiesen werden, daß bei den obigen Berechnungen die größere Dampfleistung eines kohlengefeuerten Kessels gegenüber einem Kessel mit Planrostfeuerung und gleicher Heizfläche nicht in die Wirtschaftlichkeitsrechnung einbezogen wurde.

4) Raumbedarf von Dampfkesseln.

Für die Entscheidung zwischen den verschiedenen Kesselarten sind auch die Baukosten des Kesselhauses und damit der Grundflächen- und der Gesamtraumbedarf der Kessel maßgebend. Die entsprechenden Zahlen für die untersuchten Kesselarten und -größen (ohne Bedienungsraum, aber einschließlich Einmauerung) werden durch Bild 39 gezeigt. (Nicht eingetragen: Grundflächen-

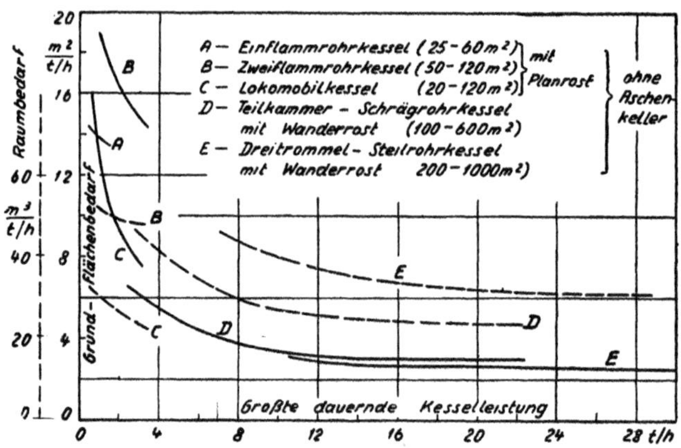

Bild 39.

Grundflächen- und Raumbedarf von Dampfkesseln einschl. Einmauerung ausschl. Bedienungsraum.

bedarf von Einflammrohrkesseln 32—25 m²/t/h bei 0,5—1,2 t/h max. Kesselleistung). Entsprechend den oben erwähnten Werten für die Länge und den Durchmesser der Kesselkörper von Flammrohr- und Lokomobilkesseln ist der Grundflächenbedarf dieser Kessel erheblich größer als der von Wasserrohrkesseln gleicher Leistung. Dagegen ist der Gesamtraumbedarf von Flammrohr- und Wasserrohrkesseln kaum verschieden, da die Flammrohrkessel und Lokomobilkessel nur wenig hoch bauen, der Raumbedarf von Lokomobilkesseln ist sogar, da die Einmauerung entfällt, kleiner als der von Wasserrohrkesseln. Der Grundflächenbedarf von Teilkammer-Schrägrohrkesseln und Steilrohrkesseln ist ungefähr gleich, während der gesamte Raumbedarf von Steilrohrkesseln infolge ihrer hohen Bauart rd. 40% größer ist. Dies gilt ohne Bedienungsraum; da aber bei Teilkammer - Kesseln beträchtlicher Raum für das Ausziehen der Rohre vorgesehen werden muß, sind die Gesamtbaukosten bei beiden Kesselarten nicht wesentlich verschieden (vergl. Bild 49).

Bemerkenswert ist, daß bei sämtlichen Kesselarten der Gesamtraumbedarf pro Tonne stündlicher Dampferzeugung mit der Leistung nur wenig abnimmt. Die Baukosten sind also für die Entscheidung der Unterteilung der Kesselanlage in beträchtlichem Maße vernachlässigbar. Die durch Bild 39 gezeigten Zahlen stel-

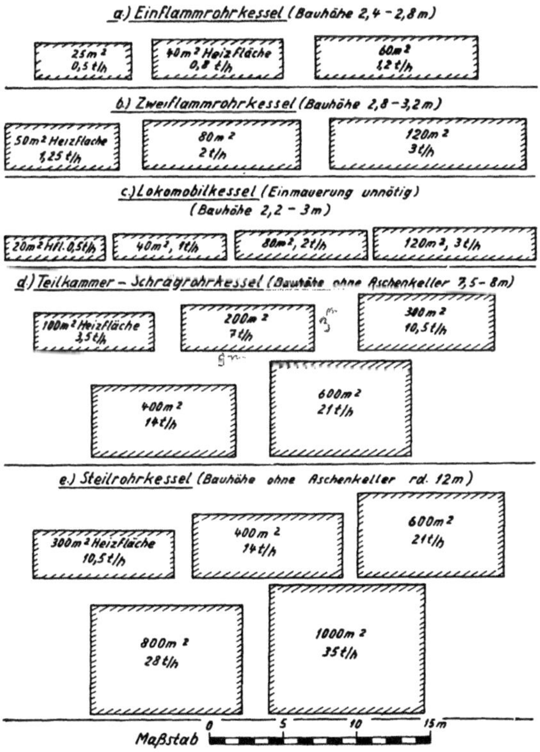

Bild 40.

Durchschnittlicher Grundflächenbedarf (maßstäblich) von Dampfkesseln einschl. Einmauerung ausschl. Bedienungsraum.

len nur den Grundflächen- und Raumbedarf der Kessel selbst dar; der erforderliche Bedienungsraum ist nicht berücksichtigt. Die Werte für die Wasserrohrkessel sind ohne Aschenkeller errechnet. Bei Anlagen bis rd. 10 t/h Kesseleinzelleistung wird man, besonders in Ländern mit billigen Arbeitskräften, auch ohne besonderen Aschenkeller auskommen. Für größere Kessel oder solche Anlagen, bei denen ein Entschlacken von Hand nicht erwünscht ist, muß für den Aschenkeller mit einer zusätzlichen Bauhöhe des Kesselhauses von 2,5—3 m gerechnet werden.

Um den Entwurf der Kesselhausgrundrisse von Kraftwerken zu erleichtern, wird mit Bild 40 der Grundflächenbedarf der verschiedenen Kesselarten maßstäblich dargestellt; die durchschnittliche Bauhöhe der Kessel ist ebenfalls eingetragen.

5) Kesselspeisepumpen.

a) Kosten.

Die zweckmäßige Bemessung und Unterteilung der Kesselspeisepumpen soll in Abschnitt IV „Gesamtanordnung" behandelt werden. Hier sei nur darauf hingewiesen, daß die Pumpen mit Rücksicht auf den Widerstand der Ekonomiser und der Rohrleitungen im allgemeinen für eine mindestens 5 at über dem höchsten Kesselbetriebsdruck liegende Förderhöhe ausgelegt werden sollten.

Bild 41 zeigt die ungefähren Anschaffungskosten von elektromotorisch und durch Dampf angetriebenen Kolbenpumpen sowie von elektrisch und turbinengetriebenen Kreiselpumpen. In den Preisen sind normale Armaturen auf der Wasser- und Dampfseite bezw. Niederspannungs-Drehstrommotoren mit Schaltkästen eingeschlossen. Es zeigt sich, daß bei niedrigen Drücken und Fördermengen bis zu rd. 6 m^3/h elektromotorisch über kleine Zahnradvorgelege angetriebene Kurbelpumpen billiger sind als elektrisch angetriebene Kreiselpumpen. Außerdem ist auch ihr Kraftbedarf geringer. Dampfgetriebene Duplexpumpen sind bis zu Fördermengen von rd. 25 m^3/h, bei kleineren Drücken auch für noch größere Mengen, stets erheblich billiger als dampfturbinengetriebene Kreiselpumpen. Die Preise der Kolbenpumpen, und zwar die der elektrisch und die der dampfgetriebenen, steigen mit wachsendem Förderdruck im Verhältnis erheblich mehr als die Preise der Kreiselpumpen. Die Kosten der dampfgetriebenen Kreiselpumpen, die nur für 275 m Förderhöhe eingetragen sind, ändern sich etwa in demselben Verhältnis wie die der elektrisch angetriebenen Kreiselpumpen.

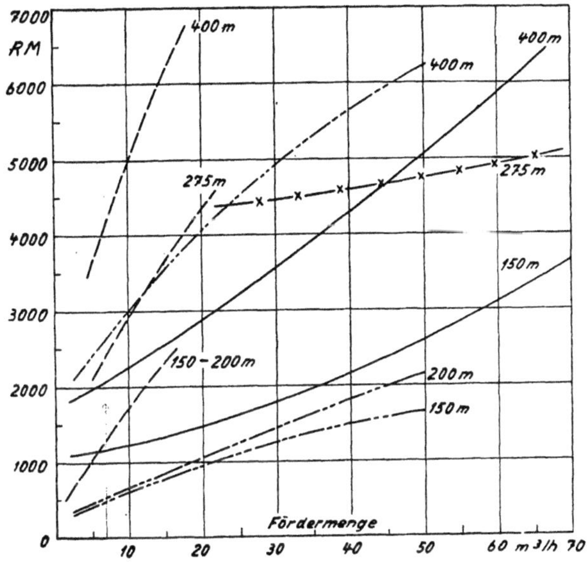

—— Elektrisch angetriebene Kreiselpumpen
–×– Turbinengetriebene Kreiselpumpen
– – – Elektrisch angetriebene Kreiselpumpen
–·–·– Dampf-Duplex-Pumpen

Bild 41.
Kosten von Kesselspeisepumpen.

b) Verbrauch.

Der durchschnittliche Vollastwirkungsgrad von Kolben- und Kreiselpumpen in dem untersuchten Druck- und Mengenbereich wird durch Zahlentafel XIX gezeigt.

Zahlentafel XIX.

Vollastwirkungsgrad von Kesselspeisepumpen.

Theoretischer Kraftbedarf ($\eta = 100\%$): $N_0^{(PS)} = \frac{Q^{(m^3/h)} \cdot H^{(m)} \cdot \gamma^{\left(\frac{t}{m^3}\right)}}{3{,}6 \cdot 75}$

z. B. 10 m³/h von $\gamma = 1$ auf 150 m $\sim$ 5,55 PS.

Fördermenge m³/h		2,5	5	10	20	30	40	50	60	70
Kolben- pumpen	Förderhöhe 150 m	60 %	65 %	68 %	69 %	69 %	69,5 %	69,5 %	70 %	70 %
	Förderhöhe 400 m	—	72 %	76 %	77 %	77 %	77,5 %	77,5 %	78 %	78 %
Kreiselpumpen (Förderhöhe 150—400 m)		20 %	34 %	44 %	53 %	58 %	62 %	64 %	65 %	69 %

Bei den für Kolbenpumpen in Betracht kommenden Fördermengen ist also deren Vollastwirkungsgrad erheblich besser als bei Kreiselpumpen.

Der Dampfverbrauch von Duplex-Kolbenpumpen wird mit der Faustformel $G^{(kg/h)} = 1{,}1 \cdot Q^{(m^3/h)} \cdot p^{(kg/cm^2)}$ angegeben. Die Förderleistung der Duplexpumpen kann ebenso wie die der dampfturbinengetriebenen Kreiselpumpen sehr wirtschaftlich geregelt werden, und zwar durch Betätigung des Frischdampfeinlaßventils unter Änderung der Hubzahl bezw. bei Turbokreiselpumpen der Drehzahl. Der Wirkungsgrad der Kreiselpumpen selbst ist bei elektrischem und Dampfturbinenantrieb ungefähr der gleiche. Für den Antrieb der Turbopumpen werden im allgemeinen einstufige Dampfturbinen verwendet. Bei den üblichen Hilfsturbinen mittlerer Leistung schwankt der thermodynamische Kupplungswirkungsgrad zwischen 30 und 40%. Bei dem Vergleich von Duplexpumpen und Turbopumpen ist zu beachten, daß der Abdampf der Duplexpumpen stets stark ölhaltig ist, während der Turbinenabdampf praktisch ölfrei ist und daher auch in Mischvorwärmern ohne Schwierigkeit zur Vorwärmung des Speisewassers bezw. zu Heizzwecken verwendet werden kann.

D. Wasserbeschaffung.

1) Speisewasseraufbereitung.

a) Vorwärmung.

Durch Vorwärmung des Kesselspeisewassers mittels Turbinenanzapfdampf wird bekanntlich der thermische Gesamtwirkungsgrad eines Kraftwerkes verbessert, indem der Vorwärmer-Heizdampf zur Leistungsabgabe innerhalb der Turbinen herangezogen und seine Restwärme voll an das Kesselspeisewasser abgegeben wird, während bei reinem Kondensationsbetrieb der Abdampf-Wärmeinhalt durch Aufwärmung des Kondensatorkühlwassers vernichtet wird. Infolge der Anzapfung kann ferner der Niederdruckteil der Turbinen für eine geringere Dampfmenge als bei reinem Kondensationsbetrieb und gleicher Leistungsabgabe ausgelegt werden, was bei Grenzturbinen, im Bereich der vorliegenden Untersuchung, also bei bestimmten Getriebeturbinentypen, von Bedeutung ist.

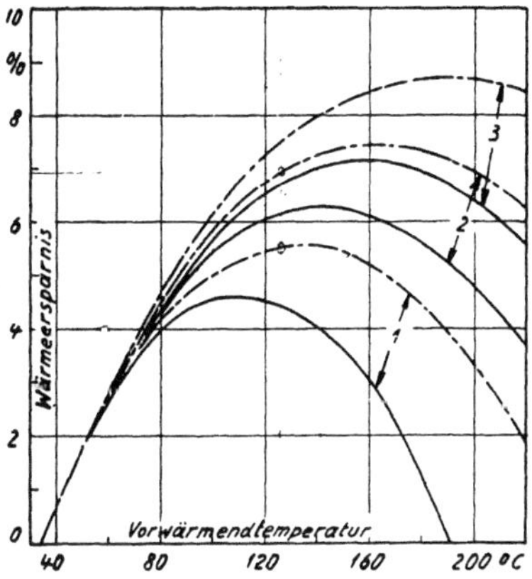

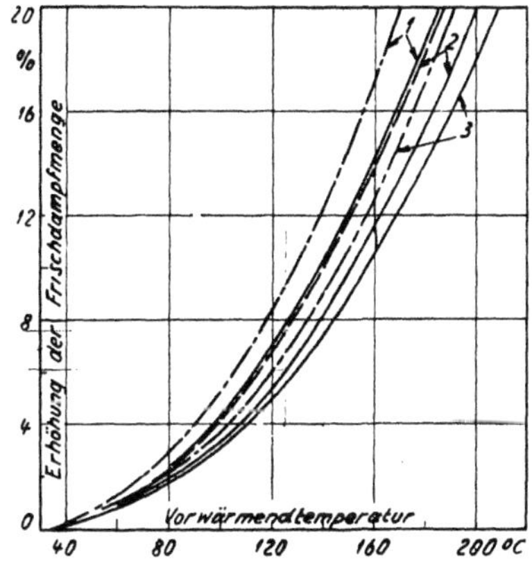

Berechnet für:

$\eta_{i\,\mathrm{Turbine}} \sim 80\%$, Kondensator-Vakuum $\sim 95\%$, $\Delta t_{\mathrm{Vorwärmer}} = 10^{\circ}\mathrm{C}$.

1—2—3: Zahl der Vorwärmstufen.

——— Turbinen-Frischdampf: 15 atü 350°C

–·–·– Turbinen-Frischdampf: 35 atü 425°C.

Bild 42.
Verbesserung des thermischen Wirkungsgrades durch Anzapfvorwärmung.

Bild 43.
Mehrverbrauch an Frischdampf durch Anzapfvorwärmung (bei gleicher Turbinenleistung).

Die ungefähre Wärmeersparnis, d. h. die Verbesserung des thermischen Wirkungsgrades der Gesamtanlage, die sich durch ein- und mehrstufige Speisewasservorwärmung mittels Turbinenanzapfdampf erreichen läßt, wird durch die Kurven des Bildes 42 gezeigt, die ähnlich öfters im technischen Schrifttum der letzten Jahre zu finden sind [1]). Die größere Wärmeersparnis durch mehrfache Anzapfung und Vorwärmung läßt sich praktisch nicht ausnutzen, da durch die Auslegung der Turbinen, die Übersichtlichkeit der Rohrleitungsanlage und die Anschaffungskosten der Vorwärmer Grenzen gesetzt sind. Für die hier betrachteten Anlagen kann zweistufige Vorwärmung praktisch in Betracht gezogen werden; in den meisten Fällen wird man sich mit einstufiger Vorwärmung begnügen.

[1]) Lit.-Nachw. Nr. 16.

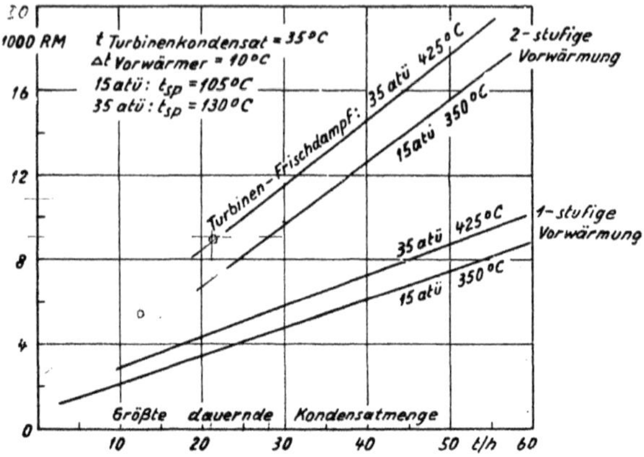

Bild 44.

Kosten von Anzapfvorwärmanlagen.

Die nach den Kurven wärmewirtschaftlich günstigsten Vorwärmtemperaturen sind meist nicht die wirtschaftlichsten, wenn man die konstruktiven Eigenarten der Kesselanlage mit in Betracht zieht. Bei zu hoher Vorwärmtemperatur steigt die erforderliche Oberfläche und damit der Preis des Ekonomisers beträchtlich, da die Abkühlung der Rauchgase im Ekonomiser mit wesentlich verringerter Aufwärmung des Speisewassers erreicht werden muß bei gleichzeitig geringerer mittlerer Temperaturdifferenz zwischen Speisewasser und Rauchgasen.

Durch die Anzapfvorwärmung steigt außerdem die für die Dampfturbine benötigte Frischdampfmenge und zwar ungefähr in der durch Bild 43 gezeigten Größenordnung, so daß eine vergrößerte Dampferzeugung notwendig ist. Der Brennstoffbedarf des Kessels wächst jedoch praktisch nicht, da die Verdampfungsziffer entsprechend der höheren Speisewassertemperatur steigt. Da für kleinere und mittlere Anlagen Luftvorwärmer zur Abkühlung der Rauchgase aus betrieblichen Gründen nicht gewählt werden sollten, besonders nicht in Ländern, in denen kein geschultes Bedienungspersonal zur Verfügung steht, kann daher die tatsächlich günstigste Vorwärmtemperatur nur durch eine Rechnung für jeden Einzelfall unter Berücksichtigung des Wirkungsgrades und der Anschaffungskosten der Kesselanlage einschließlich Ekonomiser sowie des Preises der Vorwärmanlage ermittelt werden.

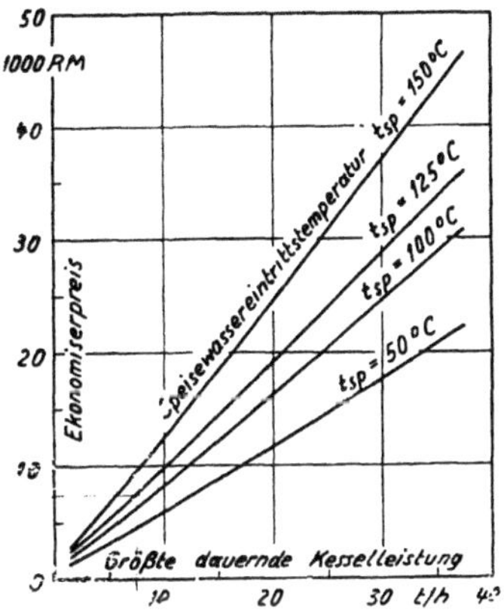

Brennstoff:
Steinkohle mit $H_u = 6500$ kcal/kg

Rauchgastemperatur:
Am Kesselende 325°C
Am Ekonomiserende 200°C

Kessel-Frischdampf:
16,5 atü 370°C

Bild 45.

Kosten von Rippenrohr-Rauchgasvorwärmern bei verschiedenen Speisewassertemperaturen.

Die Bilder 42 bis 45 geben für solche Rechnungen einen Anhalt. In den meisten Fällen wird sich ergeben, daß bei wirtschaftlichster Belastung der Kraftanlage (80% der größten Dauerlast) folgende Vorwärmtemperaturen die günstigsten sind:

Zahlentafel XX.

Empfehlenswerte Vorwärmtemperaturen bei Normallast.

Frischdampf am Turbineneinlaß	Vorwärmung durch Turbinenanzapfung auf normal	maximal
15 atü 350° C	105° C	125° C
25 atü 400° C	120° C	140° C
35 atü 425° C	130° C	150° C

Die Vorwärmtemperatur von 105°C sollte nicht unterschritten werden, da sie noch eine Entgasung des Kesselspeisewassers unter Überdruck ermöglicht. Da bei Teillasten der Druck an den ungeregelten Turbinenanzapfstellen absinkt, ist es bei kleinen Lasten im Bedarfsfalle ratsam, die erwünschte Temperatur von über 100°C durch Zusatz von Frischdampf in die Vorwärmanlage aufrecht zu halten.

b) Reinigung.

Bei Dampfturbinenanlagen mit Oberflächenkondensation kann das Turbinenkondensat ohne Zwischenreinigung zur Kesselspeisung verwendet werden. Um bei Undichtigkeiten des Kondensators, d. h. Lecken der Kondensatorrohre gegen Schädigungen des Kessels gesichert zu sein, die unter Umständen durch Übertritt von salz- oder säurehaltigem Kühlwasser in den Speisewasserkreislauf entstehen können, kann man in die Kondensatleitung Leitfähigkeitsmesser einbauen, die einen solchen Kühlwassereinbruch auch bei geringen Spuren infolge der Erhöhung der Wasserleitfähigkeit durch die gelösten Salze selbsttätig ankündigen.

Der Einbau solcher Signalanlagen ist aber im allgemeinen bei kleineren Anlagen zu kostspielig, und es empfiehlt sich daher, um von vornherein gegen Schäden durch Kondensatorundichtigkeiten auch bei salzhaltigem Kühlwasser (z. B. Seewasser) gewappnet zu sein, im Kesselwasser stets eine geringe Konzentration von Natronlauge zu halten, die bei etwa 200 mg/l liegt. Diese Natronlauge wird im normalen Betrieb nicht aufgebraucht, sondern bleibt unverändert im Kessel und tritt erst dann in Aktion, wenn durch irgendeinen solchen Zwischenfall Härtebildner oder korrosionsbegünstigende Salze in den Kessel kommen. Je nach der gewählten Kesselart und der Belastung sowie dem Druck kann die Natronzahl auch höher als 200 gehalten werden. Niederdruck-Kessel mit großem Dampfraum fahren teilweise mit einer Natronzahl bis zu 1000.

Die Menge des in den Kessel zurückgeführten Turbinenkondensats deckt sich nicht ganz mit der Frischdampfmenge. Erfahrungsgemäß gehen zwischen 3 und 5% im Kreislauf durch Rußbläser, Undichtigkeiten usw. verloren, die durch eine besondere Reinigungsanlage ersetzt werden müssen. Dabei wird man aus Sicherheitsgründen bei Kraftwerken im Leistungsbereich von 500 bis 5000 kW die Anlagen für eine Zusatzwassererzeugung zwischen rd. 10% und rd. 6%, bezogen auf die Speisewassermenge bei wirtschaftlichster Last, auslegen.

Bei Maschinen mit Mischkondensation, die, wie oben erwähnt, nur für sehr kleine Leistungen in Betracht kommen, muß selbstverständlich die gesamte Speisewassermenge dauernd neu aufbereitet und ersetzt werden.

Grobe Verunreinigungen des Rohwassers werden zweckmäßigerweise durch mechanische Reinigungsvorrichtungen, wie Siebe,

Klärbecken und Filter, beseitigt. Außer solchen Verunreinigungen enthält fast jedes Rohwasser eine für die Kesselspeisung unzulässig hohe Menge von Härtebildnern und Gasen, oft auch von freien oder beim Kesseldruck freiwerdenden Säuren. Die Beseitigung dieser Stoffe ist in erster Linie die Aufgabe der Speisewasseraufbereitungsanlage. Im übrigen sind die Anforderungen, die an die Beschaffenheit des erzeugten Zusatzwassers zu stellen sind, in weitem Maße abhängig von der gewählten Kesselbauart; Wasserrohrkessel, insbesondere Steilrohrkessel, sind gegen schlechtes Speisewasser erheblich empfindlicher als Flammrohr- oder Rauchrohrkessel. Die Gefährdung der Kessel durch schlechte Wasserbeschaffenheit steigt ferner mit dem Kesseldruck und mit der Höhe der Heizflächenbelastung. Als Beispiel sei angeführt, daß ein an Humaten reiches Rohwasser ohne große Gefahr unbehandelt in Kessel von 12 atü gespeist werden kann, da ein solches Wasser meist sehr weich ist; speist man es in Kessel mit 50 atü, so werden diese infolge der freiwerdenden Huminsäure in wenigen Wochen unbrauchbar.

Für die Aufbereitung des Kesselspeisezusatzwassers stehen verschiedene Verfahren zur Verfügung, und zwar zwei Gruppen von chemischen Verfahren, nämlich die Fällungsverfahren und Basenaustauschverfahren, sowie ferner als dritte Gruppe die thermische Aufbereitung durch Verdampfung.

Von den Fällungsverfahren ist das älteste und auch heute noch viel angewendete Kalk-Soda-Verfahren, das in seiner ursprünglichen Form unter Zusatz lediglich von Kalk und Soda angewendet wird. Es ist im Betrieb sehr einfach bei Rohwässern stetiger Zusammensetzung, beispielsweise also bei Brunnenwasser. Für Oberflächenwässer, wie beispielsweise Flußwasser, hat es den Nachteil, daß der Chemikalienzusatz der ständig ja nach der Jahreszeit und Witterungslage sich ändernden Zusammensetzung des Rohwassers angepaßt werden muß. Zur Beschleunigung der chemischen Reaktionen empfiehlt es sich, bei Temperaturen oberhalb von 70°C zu arbeiten. Dieses Verfahren ist in letzter Zeit durch eine Verfeinerung wesentlich verbessert worden, insbesondere durch einen Zusatz von Natriumphosphaten in einer zweiten Reinigungsstufe. Eine Abart des genannten Verfahrens ist die völlige oder teilweise Enthärtung durch Ätznatron, sowie auch ein Verfahren, das mit Soda und Rückführung von Kessellauge arbeitet. Diese Rückführung von Kessellauge erhöht naturgemäß sehr den Salzgehalt des Kessels und ist bei empfindlichen Kesseln nicht anzuraten. Neuerdings wird vielfach die Enthärtung nur mit Trinatriumphosphat ebenfalls mit Rückführung empfohlen.

Eine sehr weitgehende Enthärtung erzielt man durch das Zeolith-Verfahren, bei dem durch Aluminiumsilikate die härtebildenden Basen der im Wasser gelösten Salze gegen lösliche Basen, insbesondere Natrium, ausgetauscht werden. Die Eigenart des Zeolithmaterials führt zu Betriebstemperaturen unter 40°C. Das Verfahren eignet sich nicht bei Wässern mit hohem Gehalt an organischer Substanz, Eisen oder Kohlensäure.

Die vollkommenste Reinigung des Zusatzwassers wird durch Verdampfen erreicht, wobei nicht nur wie bei den chemischen Verfahren die härtebildenden Salze in lösliche überführt werden, sondern wobei tatsächlich diese Salze durch Abdampfen des praktisch chemisch reinen Wassers mit der Lauge restlos aus dem Wasser entfernt werden. Solche Verdampferanlagen sind in der Regel wesentlich teurer als die chemischen Anlagen. Sie liefern dafür

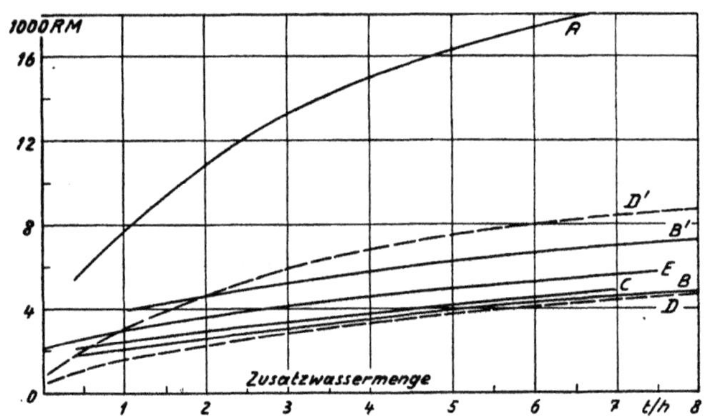

A — Einstufige Süßwasser-Verdampferanlage mit Brüdenkondensator, der als Entgaser für die gesamte Speisewassermenge ausgebildet ist.
B — Kalk-Soda-Anlage.
B'— Kalk-Soda-Anlage mit nachgeschalteter Zusatzwasser-Entgasungs- und Nachenthärtungseinrichtung.
C — Thermochemische Stufenanlage (Ätznatron-Trinatriumphosphat).
D — Zeolith-Filter für Wasser von 10° (DHG) Härte.
D'— Zeolith-Filter für Wasser von 30° (DHG) Härte.
E — Entgasungsanlage für die gesamte Speisewassermenge (10—15 fache Zusatzwassermenge).

Bild 46.

Kosten von Speisewasser-Aufbereitungsanlagen.

ein höherwertiges Wasser und sind auch meist in der Anforderung an die Bedienung während des Betriebes weniger anspruchsvoll. Der Brüdenkondensator solcher Verdampferanlagen wird häufig als Mischvorwärmer ausgebildet, in den gleichzeitig das Turbinenkondensat eingeleitet wird. Der Mischvorwärmer dient in solchen Fällen gleichzeitig zur Entgasung des gesamten Speisewassers. Da diese Entgasung der gesamten Kesselspeisewassermenge sehr wünschenswert ist, können die Anschaffungskosten für eine vollständige Verdampferanlage nur mit einer chemischen Speisewasserreinigung, vermehrt um die Kosten einer Entgasungsanlage für die gesamte Speisewassermenge verglichen werden. In Bild 46, das die ungefähren Anschaffungskosten der verschiedenen Arten von Speisewasserreinigungsanlagen zeigt, sind daher auch die ungefähren Kosten einer Entgasungsanlage (Mischvorwärmer) für die gesamte Speisewassermenge eingetragen und zwar unter der Voraussetzung, daß die Speisewassermenge das 10- bis 15fache der Zusatzwassermenge beträgt. Bei dem Vergleich der verschiedenen Anlagen muß noch berücksichtigt werden, daß, wie aus den Kurven ersichtlich ist, der Preis von Zeolithanlagen mit der Härte des Rohwassers erheblich steigt, während Kalk-Soda-Anlagen und andere thermochemische Stufenanlagen in dieser Beziehung erheblich weniger empfindlich sind und die Kosten von Verdampfern praktisch unbeeinflußt bleiben. Bei den chemischen Anlagen muß in Deutschland bei Wässern mittlerer Härte mit Aufwendungen für Chemikalien von ungefähr 4 bis 7 Pfennigen pro Kubikmeter Zusatzwasser gerechnet werden. Bei Verdampferanlagen ist als Betriebsaufwendung die Wärme, die mit der abzulassenden Lauge (im Mittel rd. 10% der Rohwassermenge) verlorengeht, zu berücksichtigen.

Die durch Bild 46 dargestellten Kosten umfassen die Lieferung der erforderlichen Apparate mit den dazugehörigen Regeleinrichtungen. Die benötigten Verbindungsrohrleitungen sind nicht berücksichtigt, da ihr Preis von der jeweiligen räumlichen Anordnung abhängt. Bei normaler Aufstellung der einzelnen Apparate nahe beieinander kann für die Rohrleitungen einschl. der erforderlichen Armaturen mit 10 bis 15% des Preises der Aufbereitungsanlage gerechnet werden. Die Entgasungsanlagen für die gesamte Speisewassermenge, deren Kosten durch Bild 46 gezeigt werden, umfassen einen geschlossenen Entgaser, einen Temperaturregler (Druckregler) für das Speisewasser und eine elektrisch angetriebene Luftpumpe und einen Zulaufregler, der bei

Schaltung des Entgasers hinter den Speisewassertank erforderlich wird. Wahlweise ist es möglich, und zwar kann dies bei Neuanlagen als die normale Ausführungsform betrachtet werden, den Speisewasserentgaser als Rieselaufbau auf den vor die Kesselspeisepumpen zu schaltenden Speisewasserbehälter aufzusetzen. Dieser Behälter muß mindestens die Speisewassermenge für halbstündigen Vollastbetrieb fassen; bei kleinen Anlagen wird es sogar meist ohne Schwierigkeit möglich sein, größere Behälter, die wünschenswert sind, einzubauen.

2) Kühlwasserversorgung.

a) Reinigung.

Für die Reinigung des Kühlwassers der Kondensationsanlage kommen mechanische oder chemische Verfahren in Betracht. Chemische Reinigungsanlagen (Impfanlagen) werden im allgemeinen nur für die geringen Wassermengen wirtschaftlich sein, die man bei Rückkühlung des Kühlwassers in den Kühlwasserkreislauf zur Deckung der durch Verwehung und Undichtigkeit entstehenden Verluste zusetzen muß.

Bei Frischwasserkühlung wird man, falls Reinigung des Wassers erforderlich ist, im allgemeinen mechanische Reinigungsanlagen vorsehen und zwar Rechen oder Siebbänder bezw. meistens beides hintereinander geschaltet. Die Ausbildung der chemischen sowie der mechanischen Reinigungsanlagen hängt vollkommen von der Beschaffenheit des zur Verfügung stehenden Kühlwassers bezw. von der örtlichen Anordnung des Kraftwerkes ab, so daß weder über die technische Durchbildung noch über die Anlagekosten allgemein Gültiges gesagt werden kann.

b) Rückkühlung.

Ist infolge Mangels an Frischwasser Rückkühlung des Kühlwassers erforderlich, so muß zwischen offenen Gradierwerken, Kaminkühlern und Kühlteichanlagen entschieden werden. Für die Beurteilung einer Rückkühlanlage ist neben der Kühlwirkung und den Anschaffungskosten der Platzbedarf und der voraussichtliche Wasserverlust durch Verwehung maßgebend.

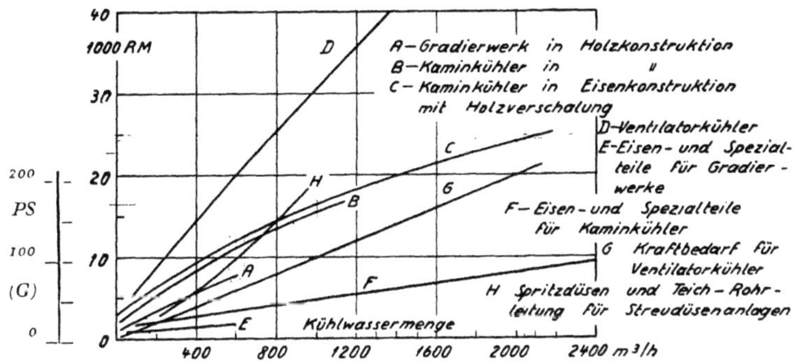

Bild 47.

Kosten von Rückkühlanlagen.

Der Verwehungsverlust ist am geringsten bei Kaminkühlern, wo er bei mittleren Windbedingungen rd. 2% der Kühlwassermenge betragen wird. Bei offenen Gradierwerken und bei Kühlteichen mit Streudüsenanlagen wird er sich unter gleichen Verhältnissen auf rd. 5% belaufen. Die Kühlwirkung kann bei richtiger Auslegung bei allen drei Anlagearten auf ungefähr das gleiche Maß gebracht werden. Für Kondensationsanlagen von Dampfturbinen wird im allgemeinen als Kühlzone, d. h. als Temperaturdifferenz zwischen warmem und kaltem Wasser, 10°C angenommen. Dieser Wert ist reichlich, da man bei modernen Dampfturbinenanlagen der betrachteten Größenordnung im allgemeinen mit einer Wärmeabgabe des Abdampfes zwischen 550 und 575 kcal/kg und einer 60- bis 70fachen Kühlwassermenge im Verhältnis zur Dampfmenge rechnen kann. Die Kühlwassererwärmung und damit die erforderliche Rückkühlung beträgt daher bei der wirtschfatlichsten Belastung der Dampfturbine zwischen $\frac{575}{60} = 9{,}6^{0}\text{C}$ und $\frac{550}{70} = 7{,}8^{0}\text{C}$.

Bei mittleren Verhältnissen, z. B. einer Lufttemperatur von 20°C und 70% Luftfeuchtigkeit, wird bei normaler Auslegung der Rückkühlanlage die Rückkühltemperatur, d. h. die Temperatur des kalten Wassers, 9 bis 10°C über der Lufttemperatur liegen. Mit steigender Lufttemperatur verringert sich die Temperaturdifferenz zwischen Luft und Kaltwasser bei gleicher Kühlzone, mit steigender Luftfeuchtigkeit vergrößert sie sich.

Die verschiedenen Arten von Rückkühlanlagen haben bei der

erwähnten normalen Auslegung ungefähr folgenden Platzbedarf pro m³/h Kühlwasser:

Zahlentafel XXI.

Raumbedarf von Rückkühlanlagen.

Kühlwassermenge	m³/h	50	100	200	300	500	1000	2000	2500
Platzbedarf von:									
Gradierwerken	m²/m³/h	1,0	0,85	0,65	0,55	0,45	—	—	—
Kaminkühler mit natürl. Zug	„	0,5	0,45	0,35	0,31	0,29	0,24	0,22	,022
Ventilator-Kaminkühler	„	0,18	0,18	0,18	0,18	0,17	0,18	0,17	0,17
Streudüsenanlagen	„	3,2	3,05	2,85	2,75	2.6	2,6	2,4	2,4

Die ungefähren Anschaffungskosten für verschiedene Arten von Rückkühlanlagen bei normaler Auslegung werden durch Bild 47 dargestellt, das auch den ungefähren Kraftbedarf für Ventilatorkühler zeigt, also für Kaminkühler, durch die die Luft nicht nur durch natürlichen Zug, sondern auch durch besondere Ventilatoren gedrückt wird. Durch diese Anordnung läßt sich, wie auch Zahlentafel XXI zeigt, ein besonders kleiner Grundflächenbedarf erreichen. Da bei den Gradierwerken und Kaminkühlern Holzbretter und Leisten in beträchtlichem Umfang zum Bau verwendet werden, ist es bei großen Transportwegen oft ratsam, das erforderliche Holz an Ort und Stelle zu beschaffen. Es sind daher mit Bild 47 auch die ungefähren Kosten angegeben, die entstehen, wenn nur die erforderlichen Bauzeichnungen sowie die Eisen- und Spezialbauteile von der Kühlturmfirma bezogen werden. Für den Preisvergleich muß noch beachtet werden, daß Gradierwerke und Kühltürme verhältnismäßig hohe Montagekosten und zwar ungefähr 15 bis 20% der Anschaffungskosten verursachen, während der entsprechende Betrag für die Düsen und Rohrleitungen der Streudüsenanlage mit rd. 10% eingesetzt werden kann. Dafür muß bei diesen Anlagen unter Umständen die Anlage des Teiches in Rechnung gestellt werden, bei den Kühltürmen die Kosten der Fundamente.

Ein Wirtschaftlichkeitsvergleich zwischen den verschiedenen Arten von Rückkühlanlagen muß von Fall zu Fall unter Berücksichtigung der verschiedenen eingangs erwähnten Faktoren getroffen werden, wobei auch die Kosten für die Beschaffung von Zusatzwasser in Betracht zu ziehen sind.

IV. Gesamtanordnung und Wirtschaftlichkeit.

A. Unterteilung des Kraftwerkes und Reservehaltung.

1) Zahl und Auslegung der Turbogeneratoren.

Bei der Erörterung der zweckmäßigen Bemessung neuer Kraftwerke in Abschnitt II wurde bereits darauf hingewiesen, daß bei Dampfturbinenkraftwerken kleiner und mittlerer Leistung die Zahl der Turbogeneratoren mit Rücksicht auf ihre Anschaffungskosten auf ein Mindestmaß zu beschränken ist. Aus Bild 14 geht die starke Veränderung des kW-Preises von Turbogeneratoren in dem untersuchten Leistungsbereich hervor. Eine zu starke Unterteilung der gesamten erforderlichen Maschinenleistung führt daher zu einem beträchtlichen Anwachsen der Anlagekosten des Kraftwerkes. Andererseits muß in allen den Fällen, wo eine Unterbrechung der Stromlieferung nicht zulässig ist, die Möglichkeit gegeben sein, Überholungsarbeiten an einem Turbogenerator vorzunehmen, ohne daß die Stromversorgung im geringsten gestört wird.

In diesem Zusammenhang wurde bereits in Teil F des Abschnittes II auf die Folgerungen eingegangen, die sich hieraus für die Unterteilung der Maschinenhausausrüstung ergeben.

In Bedarfsfällen, in denen zeitweise Unterbrechung der Stromversorgung zulässig ist, genügt Aufstellung eines Turbogenerators, der für die höchste Jahresspitze unter Berücksichtigung der voraussichtlichen Steigerung des Strombedarfes in ungefähr den ersten fünf Jahren seiner Betriebszeit ausreichend ist.

Muß eine ununterbrochene Stromversorgung gewährleistet sein, so wird man in dem untersuchten Leistungsbereich im ersten Ausbau zweckmäßigerweise insgesamt zwei Turbogeneratoren gleicher Leistung aufstellen. Besteht ein wesentlicher Unterschied zwischen der Sommerspitze und der Winterspitze, was in Ländern der gemäßigten Zone bei normalem Anteil des Lichtstromes stets der Fall sein wird, so ist jeder Turbogenerator für die in den ersten fünf Betriebsjahren größte zu erwartende Sommerspitze zu bemessen; während des Sommers braucht dann nur ein Turbogenerator in Betrieb genommen zu werden, so daß an dem zweiten Satz Überholungsarbeiten ausgeführt werden können.

In tropischen Ländern, in denen ein Unterschied zwischen den Belastungsspitzen der einzelnen Jahreszeiten kaum besteht, muß in den Fällen, wo ununterbrochene Stromversorgung erforderlich ist, jeder der beiden Turbogeneratoren für die höchste in den ersten Betriebsjahren zu erwartende Jahresspitze bemessen werden, so daß sich — wie bereits in Abschnitt II besprochen — ein verhältnismäßig hoher Reservefaktor in der Nähe von $r = 2$ ergibt.

Die Überholungsarbeiten an Turbogeneratoren können normalerweise in verhältnismäßig kurzer Zeit ausgeführt werden, so daß bei der oben empfohlenen Bemessung der Maschinensätze für die gemäßigte Zone im Winter kleinere Überholungen auch an Sonntagen vorgenommen werden können, an denen die Tagesspitze normalerweise im Winter nicht größer sein wird als die werktägliche Sommerspitze. Muß die Betriebssicherheit so groß sein, daß einer der Turbogeneratoren auch im Winter stets ohne Beeinträchtigung der werktäglichen Stromversorgung außer Betrieb genommen werden kann, so empfiehlt es sich, auch in der gemäßigten Zone jeden der Sätze für die größte zu erwartende Jahresspitze zu bemessen.

Bei größeren Kraftwerksleistungen und damit größeren Leistungen der Maschineneinheiten ist die Veränderung des Kilowattpreises mit der Leistung nicht mehr so ausschlaggebend, so daß unter Umständen die Aufstellung von drei Turbogeneratoren gleicher Leistung beim ersten Ausbau empfohlen werden kann. Jeder Maschinensatz wird dann für die Hälfte der höchsten in den ersten fünf Betriebsjahren zu erwartenden Jahresspitze ausgelegt. Es ergibt sich auf diese Weise ein geringerer Reservefaktor als in dem vorerwähnten Fall.

Die Darstellung der Kosten von Turbogeneratoren durch Bild 14 gibt für den einzelnen Bedarfsfall die Möglichkeit einer Überprüfung der zweckmäßigen Lösung.

In der vorangehenden Untersuchung wurde stets vorausgesetzt, daß der beste Dampfverbrauch des Turbogenerators bei 80% der Generatorvollast liegt. Die Generatorvollast wird also bei $^5/_4$-Last der Turbine erreicht. Bei der geringen Unterteilung, wie sie entsprechend den obigen Ausführungen bei Dampfturbinenkraftwerken kleiner Leistung zweckmäßig ist, wird der Maschinensatz während eines großen Teiles des Jahres nur mit Teillasten arbeiten. Es kann daher durchaus empfehlenswert sein, die Turbine für besten Dampfverbrauch bei ungefähr $^2/_3$ der Generatorvollast auszulegen, so daß die höchste Belastung des Generators bei 50% Überlast der Turbine erreicht wird.

In den vorhergehenden Abschnitten wurde eine Vollastauslegung des Generators für $\cos\varphi = 0{,}8$ vorausgesetzt. Dies wird im Durchschnitt zutreffen. Da aber bei vielen Kraftwerken des untersuchten Leistungsbereiches der Anteil des Lichtstroms an der Spitzenbelastung besonders groß sein wird, wird es sich oft empfehlen, die Turbinen so reichlich zu bemessen, daß sie die Generatoren auch bei voller kVA-Leistung und $\cos\varphi = 0{,}9$ antreiben können. In amerikanischen Ausschreibungen wird meistens sogar verlangt, daß die Turbine für Antrieb des Generators bei voller kVA-Leistung und $\cos\varphi = 1$ ausreicht.

2) Unterteilung der Kessel und Kesselspeisepumpen.

Bei der Unterteilung der Kesselanlage sind vorwiegend betriebliche Gesichtspunkte maßgebend, da die Kosten der Kessel pro Tonne stündlicher Dampferzeugung nicht so stark mit der Leistung absinken wie die kW-Preise von Turbinen. Wie Bild 35 zeigt, ändern sich die Kosten von Dampfkesseln pro Tonne stündlicher Dampferzeugung ab rd. 10 t/h Dampfleistung (rd. 300 m² Heizfläche) nur noch unbeträchtlich, und außerdem ist entsprechend Bild 39 auch der Raumbedarf von Dampfkesseln pro t/h nur noch geringen Veränderungen unterworfen. Die Kostenfrage ist daher nur bis rd. 10 t/h von wesentlichem Einfluß bei der Entscheidung der Kesselunterteilung. Bei der Beurteilung der Raumfrage muß allerdings berücksichtigt werden, daß die durch Bild 39 gezeigten Zahlen ohne Bedienungsraum gelten, so daß trotz der erwähnten Gesetzmäßigkeit mehrere kleine Kessel doch auf jeden Fall größere Bauten verlangen als ein großer Kessel gleicher Dampfleistung.

Bei Flammrohrkesseln wird man mit Rücksicht auf die in Abschnitt III, Teil C, erwähnten Transportmaße keinesfalls größere Einheiten als Kessel von 100 m² Heizfläche wählen.

Bei allen Kesselarten wird man die Unterteilung so entscheiden, daß im Notfall auch während der größten Jahresbelastung ein Kessel ohne Unterbrechung des Betriebes überholt werden kann. Bei Aufstellung von zwei Turbogeneratoren wird man daher normalerweise drei Kessel mittlerer Heizflächenbelastung (vergl. Zahlentafel XVI) aufstellen, die zusammen für etwas mehr als den höchsten zu erwartenden Dampfbedarf ausgelegt sind. Muß zur Zeit der höchsten Jahresbelastung ein Kessel überholt werden, so können im Notfall die beiden anderen unter Steigerung der Heizflächenbelastung die volle Dampfleistung abgeben.

Steht von den beiden Turbogeneratoren entsprechend den Ausführungen im vorhergehenden Absatz einer stets in Reserve, so kann man die Kesselanlage auch so unterteilen, daß im ganzen zwei Kessel aufgestellt werden, von denen jeder für einen Turbogenerator ausreicht. Bei den größeren Anlagen des untersuchten Leistungsbereiches (Einheiten von 3000 bis 5000 kW) wird es kaum teurer sein, jedem Turbogenerator zwei Wasserrohrkessel zuzuordnen, wodurch sich bei zeitweiser Steigerung der Heizflächenbelastung auf jeden Fall gleichzeitiger Betrieb beider Turbogeneratoren ermöglichen läßt, auch wenn ein Kessel überholt wird.

Nach den erwähnten Gesichtspunkten muß die Kesselunterteilung aber für jeden Bedarfsfall besonders untersucht werden, wobei Anschaffungskosten und Baukosten (vergl. Bilder 35, 36, 39 und 40) und die Anforderungen an die Betriebssicherheit zu berücksichtigen sind.

Bei Bemessung der Kessel ist darauf zu achten, daß die volle Leistung der Turbogeneratoren auch bei ungünstigen Betriebsverhältnissen, insbesondere höherer Kühlwassertemperatur als der durchschnittlichen, gesichert ist. Allerdings kann von dieser Forderung oft dann abgegangen werden, wenn die höchste Kühlwassertemperatur im Sommer zu einer Zeit eintritt, in der die größte erforderliche Stromabgabe unter der Vollastleistung der Turbogeneratoren bleibt. Bei Betrieb mit Anzapfvorwärmung ist zur Errechnung des größten Dampfbedarfes auf den Dampfverbrauch der Turbogeneratoren bei reinem Kondensationsbetrieb ein Zuschlag entsprechend Bild 43 zu machen.

Für die Bemessung der Kesselspeisepumpen bestehen im Gegensatz zu Deutschland in den meisten der weniger industrialisierten Länder keine behördlichen Vorschriften. Es wird im allgemeinen für die Betriebssicherheit ausreichen, wenn für den Normalbetrieb eine elektrisch betriebene Speisepumpe, ausgelegt für 150% der größten Kessel-Gesamtleistung, gewählt wird. Außerdem wird man eine ebenso große dampfangetriebene Pumpe zur Reserve aufstellen. Für die Wahl der Pumpenart sind ausschließlich die Anschaffungskosten maßgebend, für die Bild 41 einen Anhalt gibt.

Bei größeren Anlagen kann mit Rücksicht auf den Pumpenkraftbedarf eine Unterteilung der elektrisch angetriebenen Pumpe in zwei Pumpen halber Leistung, also jede für rd. 75% der größten Kesselerzeugung, ratsam sein, wenn oft mit Teillasten, bezogen auf die größte Dampferzeugung, gearbeitet wird. Entscheidend sind auch hier die Anlagekosten. Bei der Beurteilung des Kraftbedarfes muß berücksichtigt werden, daß bei elektrisch angetriebenen Pumpen praktisch nur Motoren mit stets gleichbleibender Drehzahl in Frage kommen, so daß die Reglung der Speisemenge je nach der Pumpencharakteristik oft nur durch Drosseln der Pumpen, also mit Verlusten, möglich ist.

Bei der Wahl der Reserve-Dampfpumpe ist neben den Anschaffungskosten die Tatsache zu berücksichtigen, daß der Abdampf von Turbopumpen ohne weiteres für Vorwärm- oder Heizzwecke verwendet werden kann, während bei Duplex-Kolbenpumpen der starke Ölgehalt des Abdampfes dies erschwert, so daß sich ein gesteigerter Bedarf an aufzubereitendem Kesselspeisezusatzwasser ergibt.

3) Wärmeschaltung und Rohrleitungsführung.

Durch Bild 48 werden zwei Vorschläge für die Wärmeschaltung und Rohrleitungsführung von Dampfturbinenkraftwerken gezeigt. Vorschlag a) stellt eine möglichst einfach gehaltene Schaltung für ein kleines Kraftwerk dar, das aus einem Turbogenerator von 500 kW Leistung besteht, dessen Frischdampf von zwei Flammrohrkesseln geliefert wird. Zur Aufbereitung des Kesselspeisezusatzwassers findet eine Kalk-Soda-Anlage Verwendung, die mit Frischdampf beheizt wird. Die zur Reserve vorgesehene dampfangetriebene Kesselspeisepumpe ist eine Duplex-Pumpe, deren Abdampf ölhaltig und daher für Speisewasservorwärmung ungeeignet ist. Das Zusatzwasser für den Kühlturm soll aus einem Tiefbrunnen geliefert werden.

Im Gegensatz dazu zeigt Vorschlag b) die Verbesserungen, die für ein Kraftwerk mittlerer Leistung ratsam sind. Zwei Turbo-

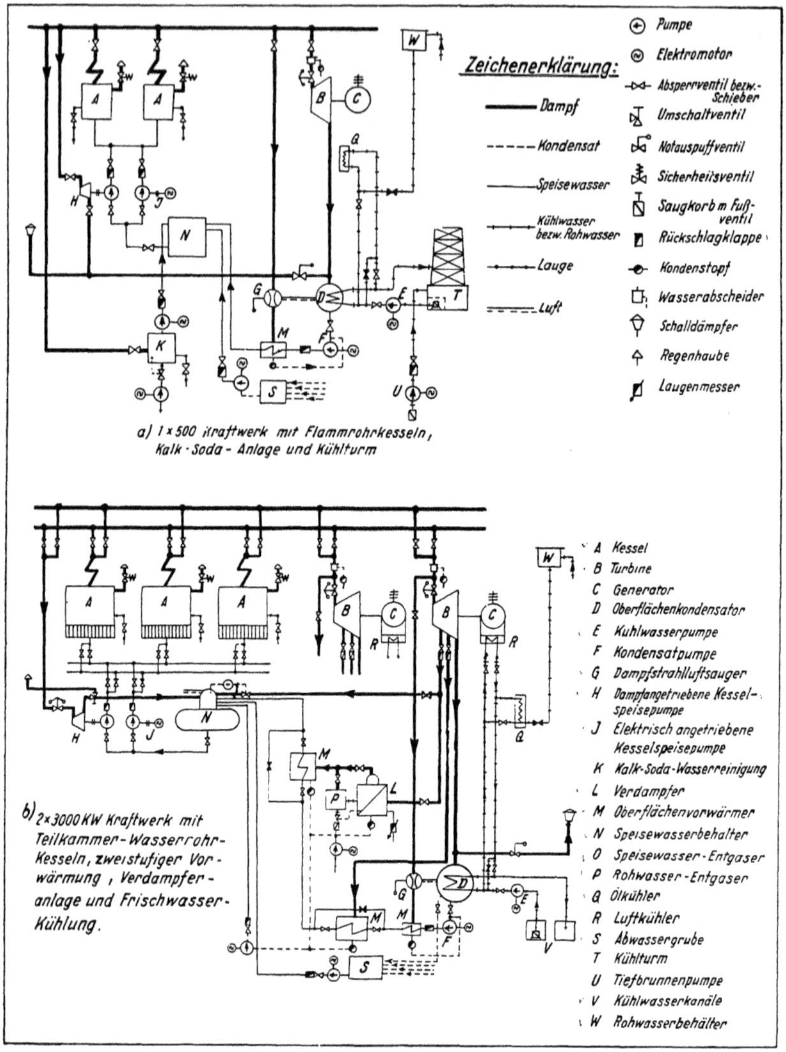

Bild 48.
Wärmeschaltung und Rohrleitungsführung.

generatoren von je 3000 kW Leistung werden durch drei Teilkammerwasserrohrkessel mit Frischdampf beliefert. Das Kesselspeisezusatzwasser wird in einer Verdampferanlage erzeugt, die mit einer zweistufigen durch Turbinenanzapfdampf beheizten

Speisewasservorwärmanlage zusammengeschaltet ist. Die gesamte Kesselspeisewassermenge wird in einem ebenfalls mit Turbinenanzapfdampf beheizten Mischvorwärmer, der als Rieselaufbau auf den Speisewasserbehälter gesetzt ist, entgast. Die dampfangetriebene zur Reserve vorgesehene Kesselspeisepumpe ist als turbinengetriebene Kreiselpumpe ausgebildet, deren Abdampf bei längerem Betrieb zur Speisewasservorwärmung verwendet wird. Zur Erhöhung der Betriebssicherheit werden die Kesselspeiseleitung sowohl als auch die Frischdampfleitung doppelt ausgeführt, jedoch in wesentlich einfacherer Durchbildung als bei Turbinenkraftwerken großer Leistung [1]).

Bei beiden dargestellten Schaltungen ist Vorsorge getroffen, daß während des Anfahrens der Dampfturbinen aus dem Rohwasserbehälter eine geringe Kühlwassermenge durch den Ölkühler und den Oberflächenkondensator geleitet werden kann, so daß das Anfahren der Turbinen ohne Fremdstrom und ohne Reserve-Dampfantrieb der Kondensationshilfspumpen möglich ist (vergl. Abschnitt III, Teil B, 3d).

Die Frischdampfleitung zur Turbine kann unter Umständen vereinfacht ohne Wasserabscheider ausgebildet werden, wenn der Frischdampf von der Kesselsammelleitung unmittelbar unter Verwendung von nur einem Krümmer von oben der Turbine zugeführt wird. Die Frischdampfleitung und die Kesselspeiseleitung werden aus nahtlosen Stahlrohren ausgeführt unter Zulassung einer Geschwindigkeit in der Frischdampfleitung von 30—50 m/sek und in der Kondensat- und Speiseleitung von rd. 2 m/sek. Die Kühlwasserleitung kann bei Verwendung von Süßwasser aus geschweißten Blechrohren gebaut werden mit einer Wassergeschwindigkeit von 1,5—2 m/sek in der Saugleitung und 2—3 m/sek in der Druckleitung. Für Seewasser werden zweckmäßigerweise gußeiserne Rohre verwendet.

4) Eigenbedarf und Eigenbedarfsanlage.

Die Sicherung der Versorgung sämtlicher Hilfsbetriebe ist auch bei Dampfkraftwerken kleiner Leistung von grundlegender Bedeutung. Wie bereits im Abschnitt III für die Kondensationsanlagen ausgeführt wurde, ist bei kleineren Werken die Überlegenheit des elektrischen Antriebes über den Dampfantrieb noch

[1]) Lit.-Nachw. Nr. 6.

größer als bei Werken großer Leistung, da kleine Hilfsturbinen im Vergleich zu Elektromotoren einen zu ungünstigen Wirkungsgrad bei teurem Preis haben; außerdem kann Hilfsturbinenabdampf im Wärmekreislauf des Kraftwerkes schwerer nutzbar gemacht werden als bei großen Werken, bei denen die Verwertung der Abwärme der Rauchgase stets sichergestellt ist, so daß Hilfsturbinenabdampf zusätzliche Verwendung finden kann.

Dampfantrieb der Hilfsmaschinen kommt daher in Kraftwerken kleiner und mittlerer Leistung nur zur Reserve in Frage. Auf jeden Fall wird man, wie unter 2) ausgeführt, eine dampfangetriebene Reserve-Kesselspeisepumpe vorsehen. Für die Kondensationsanlage dagegen ist zum Anfahren des Turbogenerators Dampfhilfsantrieb auch bei Fehlen von Fremdstrom nicht nötig (vergl. III, B 3). Reservedampfantrieb für die Kühlwasser- und Kondensatpumpen — für die Luftabsaugung aus dem Kondensator soll ein Dampfstrahlluftsauger Verwendung finden — ist daher höchstens zur Vergrößerung der Betriebssicherheit empfehlenswert, wobei zu bedenken ist, daß die elektrische Hausverteilung und die Antriebsmotoren kaum weniger betriebssicher sind als der Hauptgenerator.

Der durchschnittliche Eigenbedarf von kleineren Dampfturbinen-Kraftwerken — und zwar wurde zur Vereinfachung angenommen, daß die Kraftwerke jeweils aus nur einem Dampfkessel und einer Dampfturbine bestehen — wird für Frischdampfdrücke von 15 atü und 35 atü durch Zahlentafel XXII dargestellt.

Neben dem erwähnten Bedarf muß noch mit zusätzlichen 1—2% für verschiedene Eigenbedarfsbetriebe wie Krane, Kohlenförderung, Beleuchtung, Umformer, Rohwasserpumpen usw. gerechnet werden. Außer diesem über das elektrische Hausverteilungsnetz zu deckenden Eigenbedarf ist gegebenenfalls noch der Dampfverbrauch des Dampfstrahlluftsaugers zu berücksichtigen, der unabhängig vom Frischdampfzustand ungefähr 1% des Dampfverbrauches der Turbine bei Generatorvollast beträgt.

Hat das Kraftwerk die bei der vorstehenden Untersuchung zugrundegelegte Generatorspannung von 3000 Volt, so wird man die Motoren über 50 PS Leistung, also bei Kraftwerken über 5000 kW Maschineneinheitsleistung die Motoren für den Antrieb der Kühlwasserpumpen, der Kesselspeisepumpe und unter Umständen der Kohlenstaubmühlen, an die Generatorsammelschienen anschließen. Alle anderen Motoren wird man mit 220/380 Volt über einen Haustransformator speisen.

Zahlentafel XXII.

Eigenbedarf von Dampfkraftwerken mit 1 Turbogenerator, 1 Kessel und elektrischen Hilfsantrieben.

Kraftwerksleistung	*kW*	100	500	1000	5000	10000	500	1000	5000	10000
Turbinen-Dampfbedingungen		15 atü 350° C 95 % Vakuum					35 atü 425° C 95 % Vakuum			
Verbrauch der Hilfsmotoren in % der Generatorvollast										
Kühlwasserpumpe (h = 8 m, 1 : 70 bei 0,8 Generatorvollast)	%	2,8	1,5	1,2	1,0	0,9	1,3	1,1	0,8	0,8
Kondensatpumpe (20 m Druckhöhe)	%	1,3	0,4	0,3	0,2	0,15	0,4	0,3	0,15	0,12
Kesselspeisepumpe	%	1,5	1,8	1,3	0,8	0,7	2,2	1,2	1,5	1,2
Saugzug	%	1,7	0,9	0,7	0,6	0,5	0,8	0,6	0,5	0,4
Wanderrost	%	—	0,2	0,1	0,1	0,09	0,2	0,1	0,06	0,06
Haupteigenbedarf	%	7,3	4 8	3,6	2,6	2,34	4,9	4,3	3,01	2,58
Bei Kohlenstaubfeuerung: Kohlenstaub-Einzelmühlen	%	2,6	2,1	1,6	1,4	1,35	1,7	1,5	1,3	1,2
Bei Wasserstrahlluftsauger: Aufschlagwasserpumpe	%	2,5	1,4	1,0	0,7	0,55	1,2	0,9	0,6	0,5

Bei kleineren Leistungen der Turbogeneratoren werden alle Hilfsmotoren zweckmäßigerweise für Drehstrom von 380 Volt ausgelegt.

B. Räumliche Anordnung.

1) Grundriß und Aufriß.

Das Kraftwerksgebäude muß gute Zugänglichkeit und leichte Bedienung aller Anlageteile sichern, und eine Erweiterung muß unter Wahrung der Einheitlichkeit des erweiterten Werkes leicht möglich sein. Ein einfacher Gebäudeblock mit möglichst billigen Baukosten ist insbesondere bei kleinen Werken von größter Wichtigkeit, da bei diesen der Anteil der Bauten an den Gesamtanlagekosten verhältnismäßig groß ist.

In Bild 49 werden verschiedene Vorschläge, für Grund- und

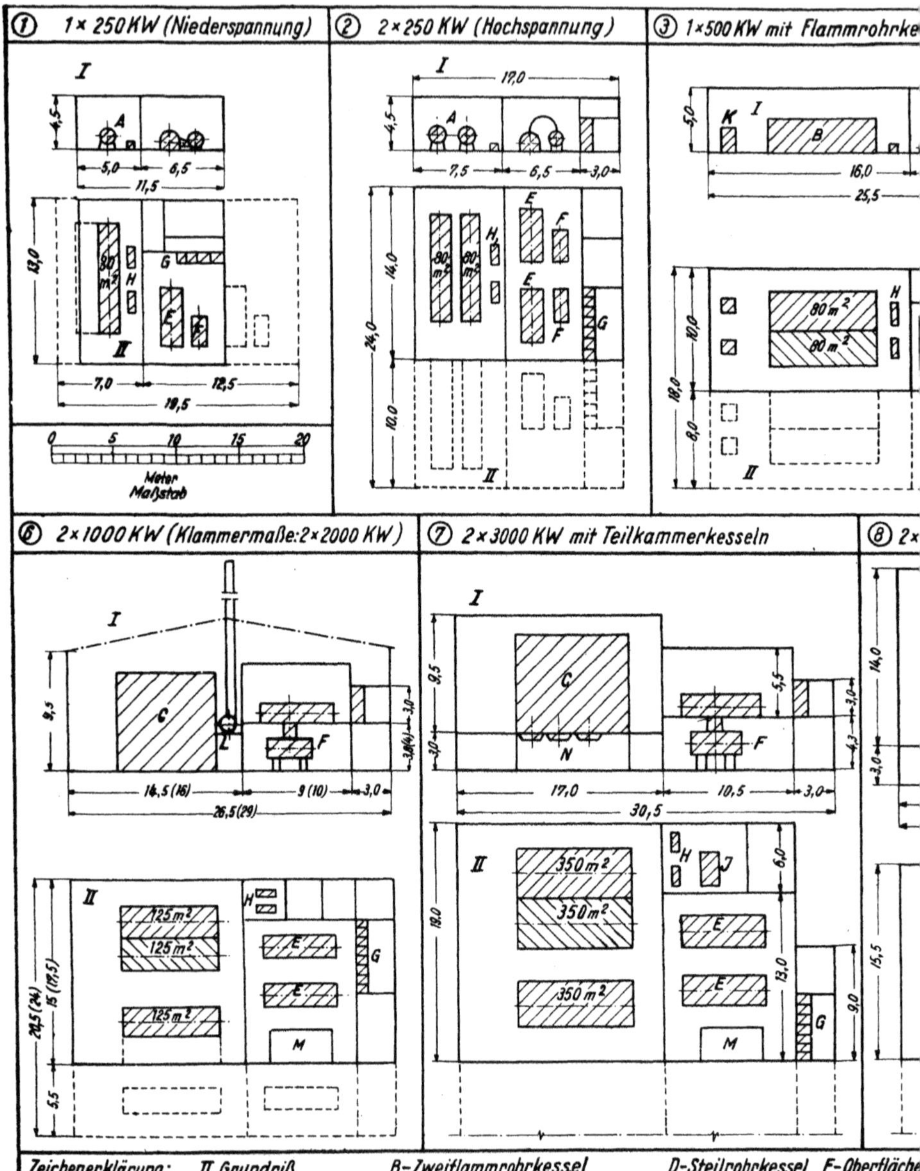

Bild 4

Grund- und Aufrisse von Dan

Aufrisse von Dampfturbinenkraftwerken gemacht, und zwar sind Kraftwerke mit je einem Turbogenerator in der Größenordnung von 250 bis 3000 kW und außerdem Werke mit je zwei Maschinensätzen gleicher Leistung von 2 × 250 kW bis 2 × 5000 kW dargestellt. Die Unterteilung der Kessel ist nach den in Teil A erörterten Grundsätzen durchgeführt und außerdem durch entsprechende Eintragungen in Bild 49 erläutert.

Für die Kraftwerke bis zu 500 kW Maschineneinheitsleistung sind Flammrohrkessel bezw. Lokomobilkessel vorgesehen, die ein niedriges Kesselhaus ergeben. Die Kraftwerksbauten können hierbei besonders billig gehalten werden, wenn gleichzeitig Fluranordnung für die Turbogeneratoren gewählt wird, d. h. wenn der Kondensator neben der Turbine aufgestellt wird. Wahlweise kann die von einigen Firmen empfohlene Blockbauart ("self-contained design") für die Turbogeneratoren gewählt werden.

Bei Aufstellung von Teilkammer-Wasserrohrkesseln ohne Aschenkeller und der üblichen Anordnung des Kondensators unter der Turbine ergibt sich für Kessel und Maschinenhaus ebenfalls ungefähr gleiche Bauhöhe, so daß unter Umständen für das ganze Kraftwerk eine einzige Dachkonstruktion verwendet werden kann, wie sie durch Aufriß 6 des Bildes 49 dargestellt wird. Bei Anordnung eines besonderen Aschenkellers und Wahl von Wasserrohrkesseln ergibt sich stets eine größere Bauhöhe für das Kesselhaus als für das Maschinenhaus.

Grund- und Aufriß 9 (2 × 5000 kW) zeigen Bauten, wie sie in dieser Anordnung auch für Kraftwerke wesentlich größerer Leistung grundsätzlich empfohlen werden können, so daß hier Besonderheiten für Dampfturbinenkraftwerke kleinerer Leistung bereits nicht mehr bestehen. Für die Aufstellung der Hilfspumpen und der Speisewasseraufbereitungsanlage ist ein besonderer Zwischenbau zwischen Kesselhaus und Maschinenhaus angeordnet.

Bei allen Kraftwerksplänen wurde Platz für Büroräume, Ersatzteillager, Werkstatt u. dergl. vorgesehen.

Die Stellung der Maschinenachsen senkrecht oder parallel zu den Kesselachsen ergibt sich zwangsläufig je nach der Art und Zahl der Kessel und der Zahl der Maschinen. Die Ergebnisse werden durch Bild 49 gezeigt, das selbstverständlich nur Vorschläge geben soll. Abweichend davon sind noch verschiedene andere Anordnungen möglich.

Bei der Durcharbeitung der Grundrisse von Dampfturbinenkraftwerken muß auch darauf geachtet werden, daß genügend

Raum für die Montage und die Überholung der Kessel und Maschinen vorhanden ist. Insbesondere müssen die Kessel- und Kondensatorrohre ohne Schwierigkeiten ausgebaut werden können. Bei der Anordnung der Lokomobilkessel nach Grundriß 1 und 2 wurde vorausgesetzt, daß die Röhrenbündel der Kessel durch die Türen des Kesselhauses herausgezogen werden. Bei Teilkammerwasserrohrkesseln muß für den Ausbau der Rohre vor der Kesselvorderwand ein Raum von 4 bis 5 Metern vorhanden sein. Bei Steilrohrkesseln entfällt diese Bedingung. Bei allen Kesselarten muß zwischen Kesseloberkante und Dachbinder mindestens ein Raum von 1,8 m Höhe vorgesehen werden, um eine Begehung zu ermöglichen.

Die Kranhakenhöhe im Maschinenhaus ergibt sich aus der Forderung, daß das Turbinengehäuseoberteil über den eingebauten Turbinenläufer hinweggehoben werden können muß.

Bei normalen Maschinenhäusern mit Aufstellung der Kondensatoren unter der Turbine ist die Montageöffnung in der Maschinenraumdecke mindestens so groß zu bemessen, daß der Generatorständer durch den Maschinenhauskran von dem zu ebener Erde gelegenen Keller in den Maschinenraum gehoben werden kann. Die Höhe des Kondensatorkellers ergibt sich aus dem Kondensatordurchmesser, der verlangten Stauhöhe der Kondensatpumpe (0,5—0,8 m) und der Höhe des Turbinentragrostes. Die Kondensatpumpe kann unter Umständen in einer besonderen Vertiefung aufgestellt werden, so daß große Stauhöhe nicht unbedingt eine Erhöhung der Baukosten bedeutet.

Bei Generatoren mit Stehlagern muß genügender Platz für das Herausziehen der Induktoren vorhanden sein. Außerdem muß Raum verfügbar sein für das Abstellen der Turbinengehäuse-Oberteile bei Überholungen.

Bei Aufstellung der Turbogeneratoren parallel zur Längsachse des Maschinenhauses (z. B. Grundriß 2 und 9) sind die Frischdampfseiten von je 2 Turbinen zur Vereinfachung der Rohrleitungszuführung und der Bedienung einander zuzukehren.

Bei sämtlichen durch Bild 49 gezeigten Grundrissen ist auch Platz für die Aufstellung einer Schaltanlage mittlerer Größe vorgesehen. Bei einer besonders großen Zahl von Abzweigen ist unter Umständen auch bei kleineren Anlagen eine besondere Warte zweckmäßig. Entsprechend den Ausführungen in der Einleitung (Abschnitt I) wird von einer Erörterung der Netztransformatoren und -abzweige abgesehen.

2) Raumbedarf und Baukosten.

Der tatsächliche Raumbedarf von Dampfturbinenkraftwerken kleiner und mittlerer Leistung wird am anschaulichsten durch die Kraftwerksaufrisse und -grundrisse dargestellt, wie sie maßstäblich durch Bild 49 gezeigt werden. Bei Auswertung der Pläne dieses Bildes hinsichtlich des Grundflächenbedarfes sowie des Raumbedarfes von Maschinen- und Kesselhäusern pro kW installierter Kraftwerksleistung ergeben sich die durch Bild 50 gezeigten Zahlen. Bei Kraftwerken mit Teilkammer-Wasserrohrkesseln und zwei Turbogeneratoren gleicher Größe sinkt der spezifische Grundflächenbedarf von rund 0,35 m^2/kW bei 500 kW Kraftwerksleistung auf rund 0,07 m^2/kW bei 10 000 kW Kraftwerksleistung. In demselben Leistungsbereich verändert sich der spezifische Raumbedarf von rd. 2,5 m^3/kW auf rd. 0,8 m^3/kW, also im Verhältnis erheblich weniger als der Grundflächenbedarf, was durch die größere Bauhöhe der Kessel und den Einbau von Aschenkellern bei größeren Werken begründet ist.

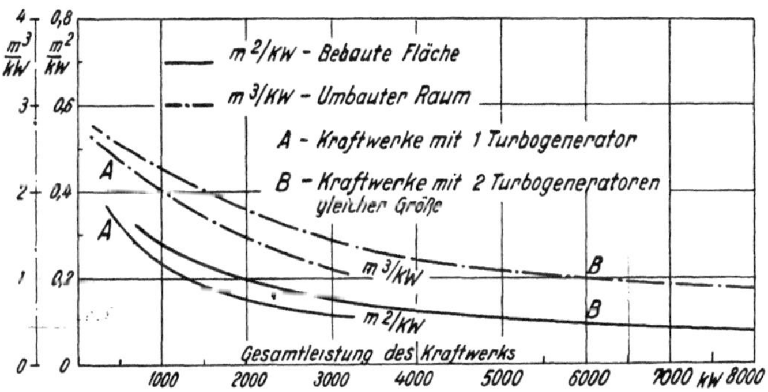

Bild 50.
Raumbedarf der Kraftwerksgebäude.

Die entsprechenden Zahlen für Kraftwerke mit insgesamt einem Turbogenerator werden ebenfalls durch Bild 50 dargestellt.

Bei Ausrüstung kleiner Kraftwerke mit Flammrohr- bezw. Lokomobilkesseln ist der Grundflächenbedarf pro kW erheblich größer als bei Teilkammerkesseln und beläuft sich z. B. bei einem 500 kW-Kraftwerk, bestehend aus zwei 250 kW-Turbogeneratoren und zwei 80 m^2 Lokomobilkesseln auf rund 0,5 m^2/kW. Der umbaute Raum ist ungefähr der gleiche wie bei Kraftwerken mit Teilkammerkesseln, da die Flammrohr- und Lokomobilkessel sehr niedrig bauen.

Für die Bestimmung der ungefähren Kosten des Kraftwerksgebäudes werden Erfahrungswerte der Praxis eingesetzt, die nach verschiedenen Veröffentlichungen unter Benutzung des Baukostenindex verschiedener Jahre auf gleiche Grundlage [1]) umgerechnet wurden. Es wurde danach für Kraftwerke mit Flammrohrkesseln und Turbogeneratoren in Fluranordnung, also für Gebäude, die sowohl hinsichtlich Ausstattung als auch Fundamenten sehr einfach gehalten werden können, mit RM 18.— pro m³ umbauten Raum gerechnet, für die übrigen Kraftwerksgebäude, also für Werke mit Wasserrohrkesseln und Aufstellung der Turbine über dem Kondensator, mit RM 20.— pro m³. Diese Zahlen sind die für deutsche Verhältnisse und kleinere Gebäude einfacher Ausführung im Frühjahr 1933 ermittelten Durchschnittswerte. Für die Kosten der Fundamente der Turbogeneratoren und Kessel wurden Erfahrungswerte eingesetzt. Da die Baukosten von den Preisen der Baustoffe und den Arbeitslöhnen abhängen, können sich in anderen Ländern erhebliche Abweichungen ergeben. Allerdings wird oft ein Ausgleich dadurch geschaffen, daß in Überseeländern mit billigen Arbeitskräften die Baustoffe häufig verhältnismäßig teuer sind. Für die Errechnung der Baukosten von Kraftwerksgebäuden wurde ferner der durch Bild 49 ermittelte und im Bild 50 dargestellte Raumbedarf zugrundegelegt. Das Ergebnis ist in Zahlentafel XXIV eingetragen.

3) Förderanlagen und Behälter.

Nach den obigen Ermittlungen ergeben sich folgende durchschnittliche Abmessungen für Maschinenhäuser von Dampfturbinenkraftwerken kleiner und mittlerer Leistung:

Zahlentafel XXIII.

Hauptabmessungen von Dampfturbinenhäusern.

Vollastleistung pro Turbogenerator	*kW*	250	500	1000	2500	5000	7500
Erforderliche Kranhakenhöhe	*m*	3	3,5	3,5	4	5	6
Kran-Spannweite bei Queraufstellung der Turbogeneratoren	*m*	7	8	9	10	12	14
Kran-Spannweite bei Längsaufstellung der Turbogeneratoren.	*m*	5	5,5	6	7	8	9
Gewicht des schwersten Stückes	*t*	2,5	4,5	5	7	14	18
Erforderliche Höhe des Kondensatorkellers	*m*	3,2	3,5	3,8	4,2	4,7	5,0

[1]) Lit.-Nachw. Nr. 11, 20 und 38.

Nach diesen Zahlenangaben können die Kosten von Maschinenhauslaufkranen ermittelt werden. Das Ergebnis zeigt Bild 51. Für Kraftwerke bis 3000 kW Einzelleistung der Turbogeneratoren werden stets handbetätigte Laufkrane ausreichen Für größere Kraftwerke hängt die Entscheidung zwischen Handlaufkranen und elektrisch betätigten Maschinenhauskranen von den Anforderungen des Betriebes ab, insbesondere von der Zeit, die für die Montage und durchschnittlich für Überholungen der Maschinensätze zur Verfügung steht. In Ländern mit billigen Arbeitskräften werden meist für den gesamten untersuchten Leistungsbereich Handlaufkrane genügen.

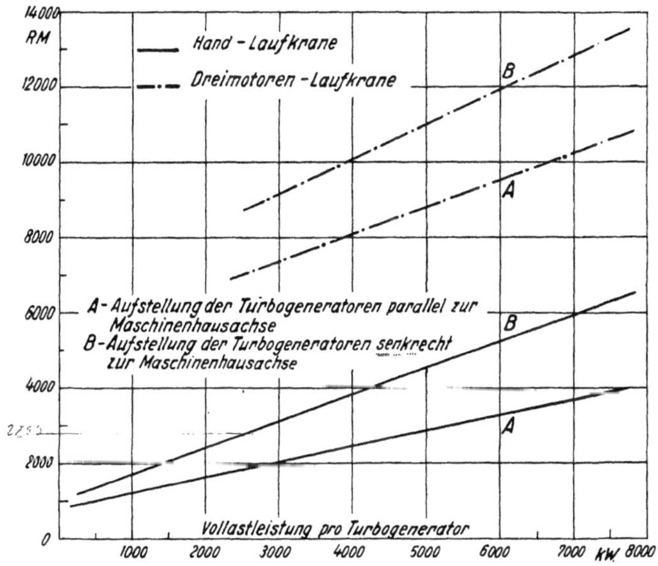

Bild 51.

Kosten von Maschinenhaus-Laufkranen.

Für die elektrisch betriebenen Laufkrane ist Anordnung eines besonderen Führerstandes unnötig; es genügt Betätigung durch Zugschnüre vom Maschinenhausboden aus.

Hinsichtlich Spannweite und Tragfähigkeit des Kranes besteht praktisch kein Unterschied zwischen Kraftwerken mit direkt gekuppelten und Getriebe-Turbogeneratoren gleicher Leistung. Bei Getriebesätzen ist das schwerste Stück das vollständige Getriebe bezw. der Schildlagergenerator. Bei direkt gekuppelten Maschinen ist es der Generatorständer oder das Turbinengehäuse-Unterteil mit eingebauten Düsendeckeln bezw. Leitschaufeln.

Die Höhe der Arbeitslöhne ist auch für die Ausgestaltung der Kohlenförderanlage ausschlaggebend. In China sind z. B. wegen der niedrigen Löhne mechanische Kohlenförderanlagen nur in dem Großkraftwerk Shanghai (rund 160 000 kW) vorhanden, während bei den anderen Kraftwerken mit Leistungen bis zu 30 000 kW die Kohlen von der Ankunftsstelle bis zum Kessel entweder getragen oder mit Handwagen befördert werden [1]).

In den meisten Fällen wird daher für Kraftwerke des behandelten Leistungsbereiches eine Kohlenförderanlage auf dem Kraftwerksgelände außerhalb des Kraftwerksgebäudes vollkommen entbehrt werden können. Für Kraftwerke mit Maschineneinheitsleistungen zwischen 3000 und 5000 kW wird bei der Gesamtkostenberechnung die Beschaffung mehrerer beweglicher elektrisch betriebener Transportbänder für den Kohlenlagerplatz vorgesehen.

Bei Kleinkraftwerken mit Flammrohr- und Lokomobilkesseln ist bei billigen Arbeitslöhnen jede Kohlenförderanlage außerhalb und innerhalb des Kraftwerksgebäudes entbehrlich. Die Kohle wird mit Handwagen zu kleinen Kohlenvorratsbehältern vor dem Kessel gefahren und von dort unmittelbar auf den Planrost verfeuert. Bei Wasserrohrkesseln wird man unter Umständen im Kesselhaus einen senkrechten Kohlenaufzug zu den Hochbunkern anlegen, bei Kraftwerken mit einer größeren Anzahl von Kesseln mit anschließendem wagerechten Verteilerförderband. Bei größeren Kraftwerken wird man zwei senkrechte Kohlenaufzüge anlegen. Wird die Kohle in Stücken angeliefert, die für die Kesselfeuerung zu groß sind, so wird je ein Kohlenbrecher vor den senkrechten Aufzügen angeordnet. Die Kohlenförderanlage wird zweckmäßigerweise so bemessen, daß während einer Stunde ungefähr der Vollast-Kohlenverbrauch für drei Stunden gefördert werden kann. Die ungefähren Kosten von Kohlenförderanlagen, die nach den obigen Gesichtspunkten ausgelegt sind, werden auf Zahlentafel XXIV angegeben.

Die Kohlenbunker werden zweckmäßigerweise nur so groß bemessen, daß sie an der Kesselhauskonstruktion selbst aufgehängt werden können, so daß man besonders zu fundierende Unterstützungspfeiler entbehren kann. Bei kleinen Dampfturbinenkraftwerken wird es dabei ohne Schwierigkeit möglich sein, den

---

[1]) Lit.-Nachw. Nr. 21.

Kohlenbedarf für vier- bis achtstündigen Vollastbetrieb in den Kohlenbunkern unterzubringen.

An Wasserbehältern sind ein Kesselspeisewasserbehälter (bei größeren Kraftwerken zwei), ein Rohwasserbehälter und eine Abwassersammelgrube erforderlich. Den Speisewasserbehälter wird man so bemessen, daß er das Kesselspeisewasser für ungefähr $^1/_2$stündigen Vollastbetrieb, besser noch einstündigen Vollastbetrieb, faßt. Die Bemessung des Rohwasserbehälters hängt von der Größe der beim Anfahren aufzufüllenden Pumpenleitungen und bei Anfahren ohne Fremdstrom von der Anfahrzeit ab. Wenn eine zuverlässige Wasserleitung vorhanden ist, so kann die Größe des Rohwasserbehälters eingeschränkt werden.

C. Gesamtkosten von Dampfturbinenkraftwerken kleiner und mittlerer Leistung.

1) Einfluß der Maschinenunterteilung und des Frischdampfdruckes.

Ausgehend von den im Abschnitt III ermittelten Kosten der einzelnen Anlageteile werden in Zahlentafel XXIV die Gesamtkosten von Dampfturbinenkraftwerken kleiner und mittlerer Leistung zusammengestellt, wobei für jeden einzelnen Fall die technische Durchbildung des Kraftwerkes angegeben wird.

Der Frischdampfverbrauch der Turbogeneratoren bei Generatorvollast wird nach Bild 26 und 27 eingesetzt. Soweit Anzapfvorwärmung des Kesselspeisewassers vorgesehen ist, werden zur Errechnung des Dampfverbrauchs die nach Bild 43 erforderlichen Zuschläge berücksichtigt.

Die Dampfkessel werden nach den in Teil A angeführten Grundsätzen gewählt und unterteilt. Bei Anlagen mit Anzapfvorwärmung des Kesselspeisewassers ist die Steigerung der Preise der Rauchgasvorwärmer entsprechend Bild 45 berücksichtigt. Bei Kraftwerken mit Lokomobil- und Flammrohrkesseln wird entsprechend Bild 49 angenommen, daß die Turbogeneratoren in Fluranordnung aufgestellt werden, so daß sich ein niedriges Kraftwerksgebäude mit besonders billigen Gebäude- und Maschinenfundamenten ergibt.

Für das Kraftwerksgebäude wird einfache Ausführung vor-

	Gesamtkosten von Dampfturbinenkraftwerken kleiner und mittlerer Leistung																Zahlentafel XXIV
A	Technische Gestaltung		a	b	c	d	e	f	g	h	i	k	l	m	n	o	p
(1)	Zahl und Leistung der Turbogeneratoren	KW	1×250	2×250	1×500	1×500	2×500	1×1000	2×1000	2×2000	1×3000	2×3000	2×3000	2×3000	2×3000	2×5000	2×5000
(2)	Turbinen - Frischdampf	atü/°C	15/350	15/350	15/350	15/350	15/350	15/350	15/350	15/350	15/350	15/350	20/375	25/400	35/425	15/350	35/425
(3)	Anzapf-Vorwärmung auf (Vorwärmstufen)	°C	—	—	—	—	—	105 (1)	105 (1)	105 (1)	105 (2)	105 (2)	115 (2)	125 (2)	135 (2)	105 (2)	135 (2)
(4)	Vollast-Frischdampfverbrauch der Turbogeneratoren	kg/h	1775	3550	3175	3175	6350	6175	12350	23700	16750	33500	31800	31200	29400	53000	47500
(5)	Kesselart		Zweiflammrohrk.	← Lokomobilkessel →		← Teilkammer - Wasserrohrkessel mit Wanderrostfeuerung →								← Steilrohrkessel →		Teilkammerkessel	Steilrohrk.
(6)	Zahl und Heizfläche der Kessel	m²	1×80	2×80	2×80	1×100	2×100	2×100	3×125	3×250	2×275	3×350	3×325	3×300	3×300	4×400	4×350
(7)	Art der Speisewasseraufbereitung	—	← Kalk - Soda →			← Thermochemische Stufenanlage und Entgaser →			← Verdampfer und Entgaser →								
(8)	Generatorbelüftung	—	← Offene Ausführung des Generators →							← Luftfilter →			← Luftkühler →				
B	Anlagekosten																
(1)	Turbogeneratoren	RM	38000,-	76000,-	44000,-	44000,-	88000,-	58000,-	116000,-	169000,-	120000,-	240000,-	240000,-	240000,-	240000,-	335000,-	335000,-
(2)	Dampfkessel einschl. Saugzug	"	21000,-	41500,-	41500,-	41000,-	81000,-	81500,-	137500,-	210000,-	150500,-	273500,-	270500,-	270800,-	299000,-	418000,-	438000,-
(3)	Kraftwerksgebäude einschl. Fundamenten	"	20000,-	32000,-	28000,-	37000,-	65000,-	55000,-	100000,-	125000,-	90000,-	160000,-	160000,-	155000,-	150000,-	200000,-	190000,-
(4)	Luftfilter bezw. Luftkühler (für $t_W = 27°C$)	"	—	—	—	—	—	—	—	1500,-	1050,-	2100,-	8600,-	8600,-	8600,-	12600,-	12600,-
(5)	Handlaufkran für Maschinenhaus	"	1200,-	1200,-	1300,-	1300,-	1300,-	1200,-	1700,-	2400,-	2100,-	3100,-	3100,-	3100,-	3100,-	2900,-	2900,-
(6)	Kesselspeisepumpen	"	1200,-	1600,-	1500,-	1500,-	2300,-	2250,-	2750,-	4000,-	3300,-	5500,-	7500,-	8000,-	10000,-	10000,-	14000,-
(7)	Speisewasseraufbereitung und Vorwärmanlage	"	1700,-	1900,-	1900,-	4200,-	4800,-	5500,-	8500,-	11500,-	14000,-	18500,-	19500,-	20000,-	20500,-	25000,-	28000,-
(8)	Kohlenförderanlage	"	—	—	—	3000,-	10000,-	8000,-	12000,-	14000,-	10000,-	20000,-	20000,-	20000,-	20000,-	25000,-	25000,-
(9)	Kühlturm bezw. Kühlwassereinlauf	"	4500,-	6500,-	5600,-	5600,-	8500,-	8500,-	13500,-	19000,-	15500,-	31000,-	30000,-	30000,-	29500,-	40000,-	38000,-
(10)	Rohrleitung	"	7000,-	12000,-	10000,-	10000,-	17000,-	14000,-	26000,-	35000,-	27000,-	45000,-	46000,-	47000,-	48000,-	60000,-	65000,-
(11)	Rohwasserpumpen, Behälter, Kohlenbunker, Wärme-Meßinstrumente, Beleuchtung	"	7000,-	9500,-	8000,-	8000,-	14000,-	13000,-	22000,-	28000,-	20000,-	32000,-	32000,-	33000,-	33000,-	38000,-	40000,-
(12)	Generator- und Eigenbedarfs-Schaltanl., Haustransformatoren, Verbindungskabel	"	7500,-	14000,-	10000,-	10000,-	19000,-	14000,-	27000,-	32000,-	21000,-	36000,-	36000,-	36000,-	36000,-	42000,-	42000,-
(13)	Mittlere Frachtkosten nach Übersee	"	17000,-	26000,-	24000,-	25000,-	47000,-	40000,-	70000,-	110000,-	75000,-	135000,-	140000,-	140000,-	145000,-	200000,-	210000,-
(14)	Montage und Kesseleinmauerung	"	23000,-	33000,-	30000,-	27500,-	52000,-	45000,-	72000,-	100000,-	90000,-	117000,-	116000,-	119000,-	119000,-	160000,-	165000,-
(15)	Verschiedenes und Unvorhergesehenes (10%)	"	15000,-	25000,-	20000,-	22000,-	41000,-	35000,-	67000,-	86000,-	64000,-	112000,-	113000,-	113000,-	116000,-	157000,-	160000,-
(16)	Gesamtkosten (Σ (1) – (15))	RM	164600,-	280200,-	225800,-	240100,-	450900,-	380000,-	669950,-	947900,-	703450,-	1230000,-	1242200,-	1243500,-	1276700,-	1725500,-	1765500,-
(17)	Kosten pro KW installierter Leitung (15)/(1)	RM/kW	660	560	450	480	450	380	335	237	234	205	207	207,5	212,5	173	177

Bemerkungen: Generatorspannung: 3000/3300 Volt bei $\cos \varphi = 0,8$ 50 Hertz Vakuum: 95 % Brennstoff: Steinkohle mit H_u = 6500 kcal/kg

Bis 2500 KW Turbogeneratorleistung: Getriebeturbinen Bester Wirkungsgrad bei 0,8 Generatorvollast

Die angegebenen Kosten gelten unter den im Abschnitt I erwähnten Voraussetzungen ausschließlich Hauptschaltanlage, Grunderwerb, Bauleitung und Zoll für einfache Ausführung des Kraftwerks bei gutem Baugrund. Preisverhältnisse vom Frühjahr 1933 ausgesetzt. Kosten für Verwaltungsgebäude sind in den angegebenen Preisen nicht enthalten.

Für alle Kraftwerke wird ein Handlaufkran für das Maschinenhaus vorgesehen. Bei Aufstellung der Turbogeneratoren parallel zur Maschinenhausachse (z. B. 2 × 5000 kW nach Bild 49, Grundriß 9) ergibt sich entsprechend Bild 51 unter Umständen ein billigerer Kranpreis als bei kleineren Kraftwerken und Queraufstellung der Maschinen (z. B. 2 × 3000 kW nach Bild 49, Grundriß 7 und 8).

Für Kraftwerke bis 5000 kW Gesamtleistung werden Duplex-Kesselspeisepumpen als Reservepumpen angeordnet, bei größeren Leistungen dampfturbinengetriebene Reserve-Kesselspeisepumpen.

Die Kosten der Kohlenförderanlage werden nach den im vorigen Absatz entwickelten Gesichtspunkten errechnet. Bei Arbeitslöhnen entsprechend deutschen Verhältnissen werden wesentlich größere Aufwendungen für die Kohlenförderanlage, insbesondere die Bedienung des Kohlenlagerplatzes, wirtschaftlich sein.

Bei Frischwasserkühlung hängen die Kosten für den Bau des Kühlwassereinlaufes bezw. der Siebeinrichtungen vollkommen von den örtlichen Verhältnissen ab. Zur Vereinfachung wird vorausgesetzt, daß der Preis der Kühlwassereinlaufbauten bei Frischwasserkühlung gleich den Aufwendungen für einfache Kaminkühler bei Rückkühlung und gleicher Wassermenge ist; in den meisten praktischen Fällen werden die Kosten für Kraftwerke mit Frischwasserkühlung allerdings geringer sein als die Kosten für Werke mit Rückkühlbetrieb. Bei Kraftwerken ab 5000 kW Gesamtausbauleistung wird die Aufstellung von insgesamt zwei Kühltürmen angenommen, jeder für die Hälfte der bei Vollastbetrieb aller Maschinen erforderlichen Kühlwassermenge. Auf diese Weise ist bei Aufstellung von insgesamt zwei Turbogeneratoren die gleiche Reserve für die Kühltürme vorhanden wie für die Maschinen selbst. Bei Kraftwerken, die weit von den Herstellungsfabriken liegen, ist die Anfertigung der Speisewasser- und Rohwasserbehälter und der Kohlenbunker in der Nähe des Aufstellungsortes empfehlenswert, da diese Behälter unverhältnismäßig große Frachtkosten erfordern.

Für die Errechnung der Kosten der Rohrleitungen wurde nach den in Teil A, Absatz 3 entwickelten Gesichtspunkten vorgegangen. Es zeigt sich, daß auf diese Weise eine ganz erhebliche Ersparnis an Kosten pro kW Ausbauleistung gegenüber Ausführung nach den bei Großkraftwerken üblichen Grundsätzen möglich ist.

Wie bereits im einleitenden Absatz I erwähnt wurde, wird nur die Schaltanlage für die Generatoren selbst und für die Eigenbedarfseinrichtungen in die Betrachtung einbezogen, während die Haupttransformatoren und die Schaltanlage für diese Transformatoren und die Netzabzweige nicht berücksichtigt werden.

Für die Generatoren werden einfache Schutzeinrichtungen eingesetzt, ab 1000 kW Generatorleistung auch Differentialschutz.

Entsprechend Absatz A, 4 werden die Motoren über 50 PS für Hochspannung ausgelegt, sämtliche anderen für Niederspannung von 380 Volt. Bei Kraftwerken mit zwei Turbogeneratoren werden zwei Eigenbedarfstransformatoren, jeder für rund 60% des höchsten erforderlichen Eigenbedarfs, vorgesehen. Für die Ermittlung der Frachtkosten wurde Aufstellung der Kraftwerke in Überseeländern mittlerer Entfernung bei Lage des Kraftwerkes in der Nähe des Ausladehafens angenommen. Hierbei wird vorausgesetzt, daß für die Baustoffe des Kraftwerksgebäudes und der Fundamente kein Überseetransport erforderlich ist, da diese in der Nähe des Aufstellungsortes beschafft werden.

Für die Montage werden die Aufwendungen im Ausland im allgemeinen wesentlich höher sein als bei Inlandskraftwerken, da die Reisekosten für die Spezialmonteure und in den meisten Fällen auch für einen bauleitenden Montageingenieur in Rechnung gestellt werden müssen. Die im allgemeinen größere Zahl der erforderlichen Hilfskräfte wird durch niedrigere Arbeitslöhne meist ausgeglichen.

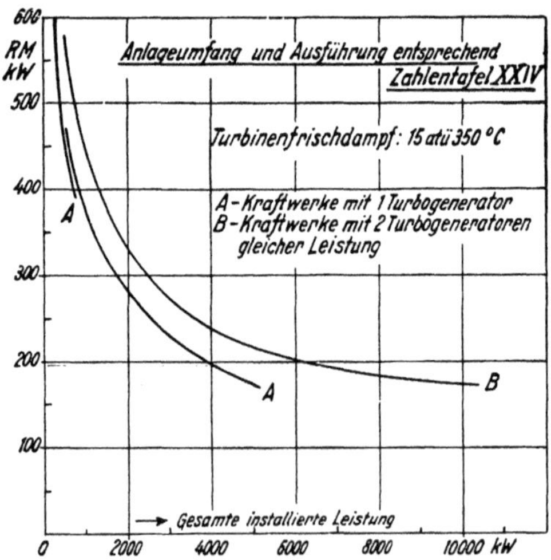

Bild 52.

 Gesamtkosten von Dampfturbinenkraftwerken kleiner und mittlerer Leistung.

Das Ergebnis der unter diesen Voraussetzungen durchgeführten Kostenermittlungen wird im einzelnen durch Zahlentafel XXV dargestellt, während das Gesamtergebnis auch durch Bild 52 gezeigt wird. Es ergibt sich, daß Dampfturbinenkraftwerke von 5000 bis 10 000 kW Leistung bei einfacher Ausführung zu kW-Preisen erstellt werden können, die nicht wesentlich höher sind als die kW-Preise von großzügig ausgeführten Großkraftwerken. Bei kleinerer Kraftwerksleistung steigen die Kosten pro kW stark mit sinkender Leistung. So sind die kW-Kosten eines 1000 kW-Kraftwerkes mit zwei Turbogeneratoren gleicher Leistung ungefähr das Doppelte der eines ebenso unterteilten 5000 kW-Kraftwerkes.

Durch Aufstellung eines Turbogenerators lassen sich gegenüber Unterteilung der gleichen Ausbauleistung in zwei Turbogeneratoren Ersparnisse von insgesamt 15 bis 20% erreichen.

Für Kraftwerke von 2 × 3000 kW und 2 × 5000 kW sind in Zahlentafel XXIV die Anlagekosten für verschiedene Frischdampfdrücke zwischen 15 und 35 atü angegeben. Es zeigt sich, daß die Anlagekosten von 15 bis 25 atü praktisch unverändert bleiben, während das Kraftwerk von 2 × 3000 kW für 35 atü nur 3% teurer ist als das für 25 atü. Bei dem 2 × 5000 kW-Kraftwerk ist die Veränderung der Kosten mit dem Druck noch geringer. Der teurere Kesselpreis pro t/h entsprechend Bild 37 wird in weitgehendem Maße dadurch ausgeglichen, daß infolge der geringeren benötigten Frischdampfmenge Kesseleinheiten kleinerer Heizfläche ausreichen, wodurch sich auch kleinere Kraftwerksgebäude ergeben.

2) Kostenunterteilung.

Der sich aus Zahlentafel XXIV ergebende Preisanteil der einzelnen Bestandteile der Kraftwerksanlage wird für Kraftwerke mit insgesamt einem Turbogenerator und Kraftwerke mit zwei Turbogeneratoren gleicher Größe durch Bild 53 dargestellt. Für Kraftwerke bis 1000 bezw. 2000 kW Ausbauleistung ergibt sich ein starkes Absinken des Anteiles der Turbogeneratorenkosten an den Gesamtkosten mit steigender Leistung, da, wie bereits in Abschnitt III ermittelt, die kW-Kosten von Turbogeneratoren bei Leistungen bis 1000 kW besonders stark veränderlich sind, stärker als die der anderen Anlageteile. Im übrigen ist der Kostenanteil der einzelnen Anlageteile in dem untersuchten Leistungsbereich einigermaßen gleichbleibend und beträgt bei Kraftwerken mit zwei Turbogeneratoren gleicher Leistung für die Turbogeneratoren rd. 20%, für die Kesselanlage rd. 25%, für die Gebäude rd. 15% und für die Montage einschließlich der Kesseleinmauerung rd. 10% der Gesamtkosten.

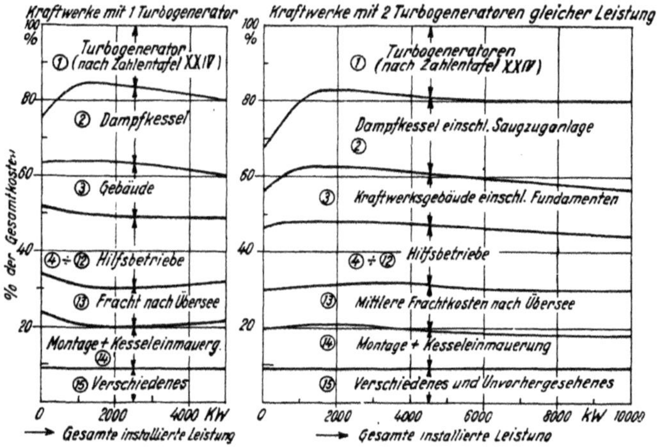

Bild 53.

Kostenaufteilung von Dampfturbinenkraftwerken kleiner und mittlerer Leistung.

D. Stromselbstkosten.

1) Wärmeverbrauch und Brennstoffkosten.

Der theoretisch mögliche, d. h. bei 100% Maschinenwirkungsgrad erreichbare Wärmeverbrauch W_0 von Kondensationsturbinen wurde bereits in Abschnitt III, Teil A, 2 ermittelt und, umgerechnet in den bei seinem Kondensationsbetrieb theoretisch erreichbaren thermischen Wirkungsgrad

$$\eta_{\text{th}_0} = \frac{860}{W_0} = \frac{860}{D_0 (i_1 - t_s)} = \frac{H_0}{i_1 - t_s}$$

durch Bild 12 dargestellt.

Ist D_{Kl} der Dampfverbrauch eines Turbogenerators in kg/kWh bezogen auf die Generatorklemmen und D_0 der theoretisch erreichbare Dampfverbrauch nach Bild 11 bei den vorliegenden Dampfbedingungen, so ergibt sich bei reinem Kondensationsbetrieb der thermische Wirkungsgrad des Turbogenerators bezogen auf die Generatorklemmen aus der Beziehung:

$$\eta_{th} = \eta_{Kl} \cdot \eta_{th_0} = \frac{D_0}{D_{Kl}} \cdot \eta_{th_0} \quad \text{und}$$

der Wärmeverbrauch in kcal/kWh ist

$$W_{Kl} = \frac{860}{\eta_{th}} = \frac{860 \cdot D_{Kl}}{D_0 \cdot \eta_{th_0}}$$

Der infolge der Vernichtung des Abdampfwärmeinhaltes durch Kühlwasseraufwärmung im Kondensator bei reinem Kondensationsbetrieb beschränkte thermische Wirkungsgrad von Kondensationsturbinen wird entsprechend Bild 42 verbessert, wenn ein Teil des Turbinendampfes nach Leistungsabgabe in den ersten Turbinenstufen unter Anzapfung der Turbine zur Vorwärmung des Kesselspeisewassers verwendet wird.

Ist $\triangle W$ die Wärmeersparnis in % durch Anzapfvorwärmung nach Bild 42, so ergibt sich der verbesserte Wärmeverbrauch des Turbogenerators in kcal/kWh bei gleichbleibender Leistungsabgabe zu

$$W'_{Kl} = \left(1 - \frac{\Delta W}{100}\right) \cdot W_{Kl}$$

Dasselbe Ergebnis erhält man aus der Beziehung

$$W'_{Kl} = \frac{G \cdot (i_1 - i_{t_{sp}})}{N_{Kl}} = D_{Kl}' \, (i_1 - i_{t_{sp}})$$

wobei G der gesamte Frischdampfverbrauch der Turbine in kg/h
i_1 der Wärmeinhalt des Turbinenfrischdampfes
t_s die Vorwärmtemperatur des Kesselspeisewassers (Menge = Turbinenfrischdampf)
und N_{Kl} die Generatorleistung in kW ist.

Zur Ermittlung des Wärmeverbrauchs des gesamten Kraftwerks bei Vollast pro kWh Nutzabgabe ist noch der Kesselwirkungsgrad η_K (s. Zahlentafel XVI), der Eigenverbrauch N_{eg} (s. Zahltentafel XXIII) und der Wärmeverlust in der Frischdampfleitung η_R = rd. 99,5% zu berücksichtigen.

Der Vollastwärmeverbrauch des Kraftwerks pro kWh Nutzabgabe in kcal/kWh ergibt sich dann bei durchweg elektrisch angetriebenen Hilfsmaschinen zu:

$$W_{total} = W_{Kl}' \cdot \frac{1}{\eta_{Kl}} \cdot \frac{1}{\eta_R} \cdot \frac{N_{Kl}}{N_{Kl} - N_{eg}} \quad \text{oder auch}$$

$$W_{total} = \frac{G \cdot i_{Kesselfrischdampf}}{N_{Kl} - N_{eg}}$$

Ist H_u der untere Heizwert des verwendeten Brennstoffs in kcal/kg

a der Brennstoffpreis in RM

B der Kohlenverbrauch der Kessel bei Vollast pro nutzbare kWh in kg/kWh

und b die Brennstoffkosten bei Vollast pro nutzbare kWh in Pfg/kWh,

so besteht die Beziehung:

$$B = \frac{W_{total}}{H_u}$$

$$b = B \cdot \frac{a}{1000} 100 = 0{,}1 \cdot B \cdot a$$

Wahlweise:

Ist D_{total} der Gesamt-Frischdampfverbrauch der Turbogeneratoren bei Vollast pro nutzbare kWh in kg/kWh

und v die Verdampfungsziffer der Kessel,

so gilt:

$$B = \frac{W_{total}}{H_u} = \frac{D_{total}}{v}$$

$$v = \frac{H_u \cdot \eta_K}{i_K - i_{ts_p}}$$

D_{total} wird aus dem Turbinendampfverbrauch nach Bild 26 unter Berücksichtigung des $^5/_4$-Last-Zuschlags nach Bild 27, eines Zuschlags für den Eigenbedarf nach Zahlentafel XXII und gegebenenfalls eines Zuschlags für Mehrverbrauch bei Anzapfbetrieb nach Bild 43 errrechnet.

Bei einem Brennstoffpreis a in RM/t sind bei Vollast die Brennstoffkosten b in Pfg/kWh:

$$b = \frac{D_{total} \cdot a \cdot 100}{1000 \cdot v} = \frac{0{,}1}{v} D_{total} \cdot a$$

Die Linientafel Bild 54, der diese Beziehung zugrundegelegt ist, ermöglicht für den hauptsächlich in Frage kommenden Bereich eine schnelle Ermittlung von b.

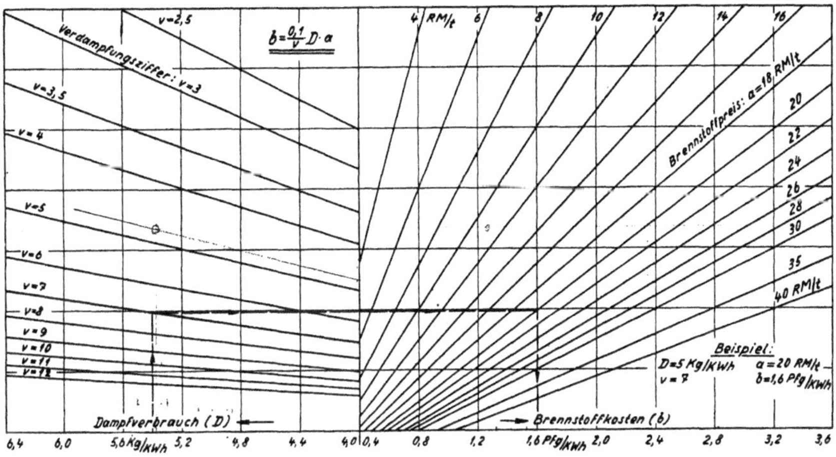

Bild 54.

Ermittlung der Brennstoffkosten pro kWh bei Vollastbetrieb.

Die obigen Berechnungen erfassen nur den Dampf- und Wärmeverbrauch bei Vollast und damit die Brennstoff-Kosten bei dauerndem Vollastbetrieb.

Der mittlere Wärmeverbrauch und damit die mittleren Brennstoffkosten pro kWh werden stets höher sein als die nach dem obigen Verfahren ermittelten Werte, und zwar umso höher, je häufiger die Maschinen mit Teillast betrieben werden.

Der Gesamtverbrauch kann in den vom Belastungszustand unabhängigen Leerverbrauch und den belastungsabhängigen Arbeitsverbrauch zerlegt werden. Als Wärmeverbrauchscharakteristik ergibt sich dann aufgetragen über der im Betriebsjahr erzeugten kWh-Menge, d. h. dem Ausnutzungsfaktor, mit genügender Annäherung eine Gerade, die von der Ordinate den Leerverbrauch abschneidet; die Wärmeverbrauchscharakteristik verläuft also ähnlich wie die durch Bild 27 (rechts) dargestellten Dampfverbrauchscharakteristiken von Kondensationsturbinen. Für den Wärmeverbrauch im Jahresmittel W_m in kcal/kWh gilt dann nach Klingenberg [1]):

[1]) Lit.-Nachw. Nr. 6 und 7.

$$W_m = \frac{f}{n} \quad a_w + b_w$$

Hierin bedeuten:

a_w — Leerverbrauch in kcal/kWh bezogen auf Vollast

b_w — Arbeitsverbrauch in kcal/kWh

f — Betriebszeitfaktor (gilt nur für Maschinensätze gleicher Größe)

$$= \frac{\text{Gesamtbetriebszeit aller installierten Maschinen}}{\text{Höchstmögliche Betriebszeit aller installierten Maschinen.}}$$

n — Ausnutzungsfaktor.

Sind alle Einheiten eines Werks dauernd in Betrieb, so ist $f = 1$. Bei Werken mit zwei Maschinensätzen, von denen einer dauernd in Reserve steht, ist $f = 0{,}5$. Sind die jeweils in Betrieb befindlichen Einheiten eines Werks dauernd voll belastet, so wird $f = n$ und der mittlere Wärmeverbrauch gleich dem Wärmeverbrauch bei Vollast.

In den meisten Bedarfsfällen wird man f aus einem geordneten Jahresbelastungsdiagramm bestimmen müssen.

Ist in der obigen Gleichung

$$\delta = \frac{a_w}{a_w + b_w}$$

$a_w = \delta W$

d. h. ist δ der Anteil des Leerlaufverbrauchs an dem Gesamtwärmeverbrauch bei Vollast W, so gilt

$$W_m = \varepsilon \cdot W = \left(\frac{\delta}{n} \cdot f + (1 - \delta)\right) W$$

Der Zuschlagsfaktor ε zur Errechnung des mittleren Wärmeverbrauchs aus dem Wärmeverbrauch bei Vollast beträgt also

$$\varepsilon = \frac{\delta}{n} \cdot f + (1 - \delta) = 1 + \frac{\delta \cdot (f - n)}{n}$$

Der Leerlaufverbrauch der Kessel kann je nach der Größe mit 6—12% des Vollastverbrauches angenommen werden, wobei der größere Wert für die kleineren Kessel des untersuchten Leistungsbereiches gilt. Der Leerlaufverbrauch der Turbogeneratoren kann nach Bild 27, der Leerlaufverbrauch der Hilfsmaschinen sinngemäß nach Zahlentafel XXII eingesetzt werden. Dann ergeben sich im Durchschnitt folgende Leerlaufsfaktoren δ:

Zahlentafel XXV.

Durchschnittlicher Leerlaufverbrauch von Dampfturbinenkraftwerken kleiner Leistung in % des Vollastverbrauchs.

Vollastleistung eines Turbogenerators	kW	250	1000	5000	10000
Leerlaufverbrauch (δ) in % des Vollastverbrauchs	%	28	23	19	18

Bild 55 zeigt für verschiedene Größen des Leerlaufverbrauchs und des Betriebszeitfaktors f die Werte des aus der obigen Beziehung erhaltenen Zuschlagsfaktors ε, mit dem der bei Vollast errechnete Wärmeverbrauch bezw. die Brennstoffkosten bei Vollast multipliziert werden müssen, um die mittleren Brennstoffkosten pro kWh zu erhalten.

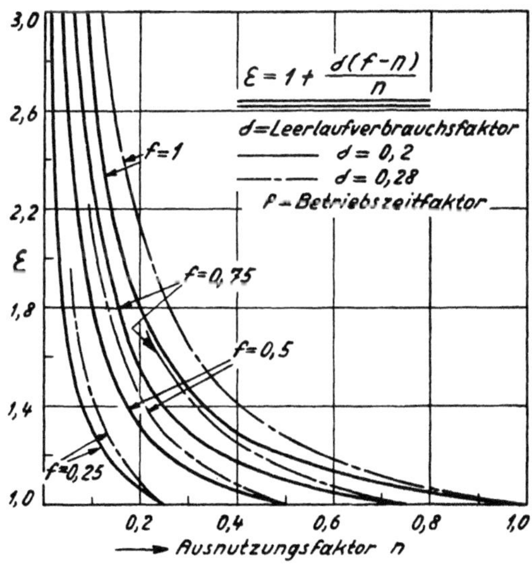

Bild 55.

Zuschlagsfaktor zur Ermittlung der mittleren Brennstoffkosten pro kWh.

In den meisten Fällen wird man zu dem so ermittelten Wert noch einen weiteren Zuschlag in der Größenordnung von 5—10% machen müssen, um die Verluste durch Anheizen, Abbrand und unsachgemäße Bedienung zu berücksichtigen [1]). Die Höhe des erforderlichen Zuschlags ist vollkommen von der Häufigkeit des An- und Abstellens der Kessel und der Güte der Bedienung abhängig.

2) Kapitaldienst und allgemeine Betriebskosten.

Neben den Brennstoffkosten sind für die Stromselbstkosten die Höhe des Kapitaldienstes und der allgemeinen Betriebsausgaben maßgebend, die nach Wirtschaftslage und Land verschieden sind und sich pro Jahr ungefähr in der folgenden Größenordnung, umgerechnet in % der Anlagekosten des Kraftwerks, bewegen:

Zinsen (je nach Lage des Kapitalmarktes):	3—8%	
Erneuerungsrücklagen (Amortisation, je nach Betriebsführung):	4—8%	
Instandhaltungskosten, Schmiermittel, Reparaturen, Kleinmaterial:	2—3%	
Versicherung:	1—2%	
Steuern und Abgaben (je nach Land und Besitzer):	1—4%	
Personalausgaben (je nach Land und Kraftwerksgröße):	6	(250 kW)
	—3%	(10 000 kW)

Die tatsächliche Höhe dieser Kosten muß in jedem einzelnen Bedarfsfall bei der Planung sorgfältig überprüft werden, da sie von größtem Einfluß auf die Wirtschaftlichkeit des Kraftwerks ist.

Die Summe der angegebenen Ausgaben belastet je nach dem Ausnutzungsfaktor der Kraftanlage die Selbstkosten der einzelnen kWh.

Ist

p die Summe von Kapitaldienst und allgemeinen Betriebsausgaben in % der Anlagekosten

K die Anlagekosten des Kraftwerks in RM/kW

n der Ausnutzungsfaktor und

k die Kapitalkosten und allgemeinen Betriebskosten pro kWh in Pfg/kWh

so gilt die Beziehung:

$$k = \frac{p \cdot K \cdot 100}{100 \cdot 8760 \cdot n} = \frac{p \cdot K}{8760 \cdot n}$$

[1]) Lit.-Nachw. Nr. 2 und 3.

Die Linientafel nach Bild 56 erleichtert für den hauptsächlich in Frage kommenden Bereich die Ermittlung von k.

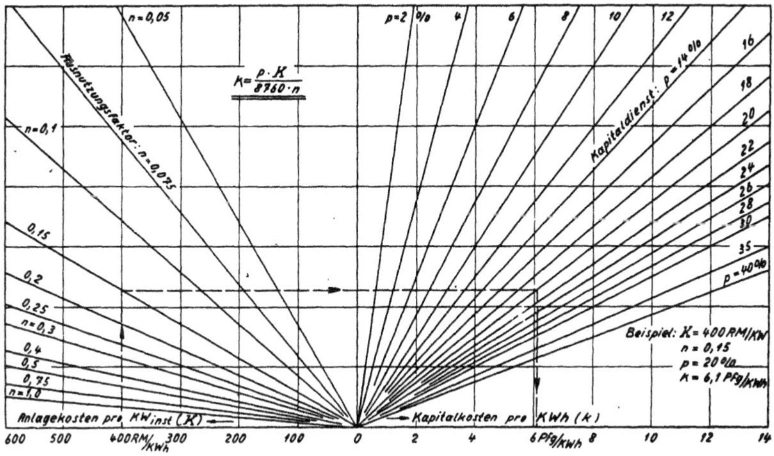

Bild 56.

Ermittlung der Kapitalkosten und allgemeinen Betriebskosten pro kWh.

Die Summe der mittleren Brennstoffkosten, der Kapitalkosten und der allgemeinen Betriebskosten ergibt die Stromselbstkosten pro kWh, deren Höhe zusammen mit den Fortleitungskosten und den erzielbaren Strompreisen ausschlaggebend für die Wirtschaftlichkeit des Kraftwerks ist.

3) Berechnungsbeispiel.

Beispiel für die Durchführung einer überschlägigen Stromselbstkosten-Berechnung:

Kraftwerk: 2 × 3000 kW für Turbinenfrischdampf von 25 atü 400°C bei 95% Vakuum entsprechend Pos. m) der Zahlentafel XXIV.

Anlagekosten: K = 207,5 RM/kW.

a) Brennstoffkosten.

Bester Dampfverbrauch der Turbinen bei 2400 kW:
4,7 kg/kWh nach Bild 26

Dampfverbrauch bei 3000 kW mit 2% 5/4 - Last - Zuschlag nach Bild 27:

$$D_{Kl} = 4{,}8 \text{ kg/kWh}.$$

Theoretischer thermischer Wirkungsgrad nach Bild 12:

$$\eta_{th_0} = 35{,}85\,\%.$$

Theoretischer Dampfverbrauch nach Bild 11:

$$D_0 = 3{,}25 \text{ kg/kWh}.$$

Tatsächlicher thermischer Wirkungsgrad bei reinem Kondensationsbetrieb:

$$\eta_{th} = \frac{D_0}{D_{kl}} \cdot \eta_{th_0} = \frac{3{,}25}{4{,}8} \cdot 35{,}85 = 24{,}4\,\%.$$

Wärmeverbrauch bei reinem Kondensationsbetrieb:

$$W_{Kl} = \frac{860}{0{,}244} = 3520 \text{ kcal/kWh}.$$

Zweistufige Anzapfvorwärmung auf 125°C, daher

nach Bild 42 Verbesserung des Wärmeverbrauchs um:

$$\triangle W = 6{,}2\,\%,$$

nach Bild 43 Steigerung des Turbinen-Frischdampfverbrauchs um:

$$\triangle G = 6{,}5\,\%,$$

Mithin $W_{Kl}' = 3520\,(1-0{,}062) = 3300$ kcal/kWh

oder auch (vergl. Zahlentafel XII)

$$W_{Kl}' = D_{Kl}'\,(i_1 - i_{ts_p}') = 4{,}8 \cdot 1{,}065\,(774.5-125{,}5) = 3300 \text{ kcal/kWh}.$$

Unter Berücksichtigung des Kesselwirkungsgrades η_K Zahlentafel XVI), des Rohrleitungsverlustes η_R und des Eigenverbrauchs η_{eg} (Zahlentafel XXII) ist dann der Vollast-Wärmeverbrauch des Kraftwerks pro kWh Nutzabgabe:

$$W_{total} = W_{Kl}' \cdot \frac{1}{\eta_K} \cdot \frac{1}{\eta_R} \cdot \frac{1}{\eta_{eg}}$$

$$= 3300 \cdot \frac{1}{0{,}78} \cdot \frac{1}{0{,}998} \cdot \frac{1}{0{,}965} = 4400 \text{ kcal/kWh}$$

d. h. thermischer Wirkungsgrad des gesamten Kraftwerks bezogen auf die Nutzabgabe bei Vollast:

$$\eta_{th_{total}} = \frac{860}{4400} \cdot 100 = 19{,}5\,\%$$

Brennstoff: Steinkohle von $H_u = 6500$ kcal/kg

Mithin Brennstoffverbrauch bei Vollast:

$$B = \frac{W_{total}}{H_u} = \frac{4400}{6500} = 0{,}68 \text{ kg/kWh.}$$

Brennstoffpreis: $a = 20$ RM/t

Brennstoffkosten bei Vollast:

$$b = 0{,}1 \cdot B \cdot a = 0{,}1 \cdot 0{,}68 \cdot 20 = 1{,}36 \text{ Pfg/kWh.}$$

Bei Annahme eines Betriebszeitfaktors f nach Bild 57, eines Leerlaufverbrauchs von 20% des Vollastverbrauchs ($\delta = 0{,}2$) und den hieraus folgenden Zuschlagsfaktoren nach Bild 55 und ferner eines Zuschlages von 4—8% für Anheizen, Abbrand und unsachgemäße Bedienung ergeben sich für das betrachtete Kraftwerk bei verschiedenen Ausnutzungsfaktoren die in Bild 57 dargestellten mittleren Brennstoffkosten pro kWh.

b) Kapitaldienst und allgemeine Betriebskosten.

Anlagekosten: K =	207,5 RM/kW
Zinsen:	5 %
Erneuerungsrücklagen:	6 %
Instandhaltungskosten, Schmiermittel, Reparaturen:	2,5 %
Versicherung:	1 %
Steuern:	1 %
Personalausgaben:	3 %

d. h. Summe von jährlichem Kapitaldienst und allgemeinen Betriebskosten in % der Anlagekosten:

$$p = 18{,}5\%.$$

Mithin Kapitalkosten und allgemeine Betriebskosten pro kWh bei Ausnutzungsfaktor $n = 0{,}5$:

$$k = \frac{p \cdot K}{8760 \cdot n} = \frac{18{,}5 \cdot 207{,}5}{8760 \cdot 0{,}5} = 0{,}88 \text{ Pfg/kWh}$$

Es ergeben sich also z. B. bei $n = 0{,}5$ und Dauerbetrieb von jeweils nur einem der beiden 3000 kW-Turbogeneratoren ($f = n$):

$$\text{Stromselbstkosten: } b + k = 1{,}36 + 0{,}88 = 2{,}24 \text{ Pfg/kWh}$$

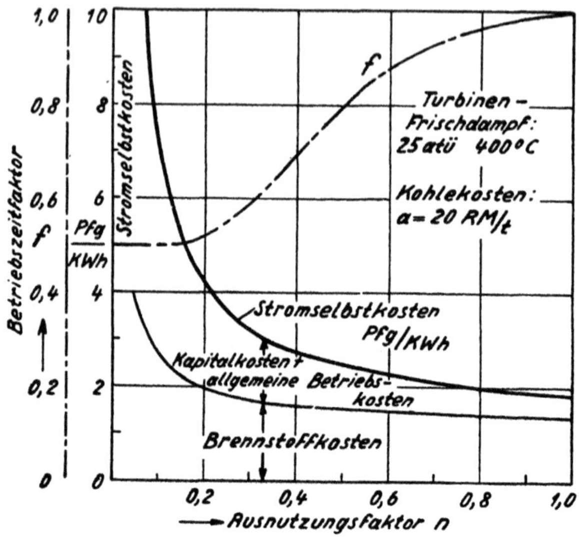

Bild 57.

Stromselbstkosten pro kWh eines 2 × 3000 kW-Dampfturbinenkraftwerks.

Die gesamten errechneten Stromselbstkosten pro kWh werden für verschiedene Ausnutzungsfaktoren und Betriebszeitfaktoren durch Bild 57 gezeigt.

V. Zusammenfassung.

Die Ergebnisse der Untersuchung zeigen, daß die bei der Planung von Dampfturbinenkraftwerken kleiner und mittlerer Leistung zu lösenden Fragen in wirtschaftlicher wie in technischer Hinsicht von den bei Großkraftwerken zu berücksichtigenden Gesichtspunkten wesentlich verschieden sind:

Die erhebliche Veränderung der Kosten der Maschinen pro kW in dem behandelten Leistungsbereich führt zu der Forderung möglichst geringer Unterteilung der gesamten benötigten Leistung, was wiederum den Ausnutzungsfaktor und die Reservehaltung maßgebend beeinflußt.

Die Auswertung der verfügbaren Statistik entsprechend Abschnitt II ergibt die in Zahlentafel XI zusammengefaßten Durchschnittswerte, die gleichzeitig eine gute Grundlage für die Planung neuer Kraftwerke sind.

Der geringere Wirkungsgrad von kleinen Dampfturbinen und die entsprechend niedrigere Dampfnässe in der letzten Turbinenstufe bei gleichen Frischdampfbedingungen erlaubt entsprechend Bild 10 niedrigere Frischdampftemperaturen als bei großen Turbinen.

Bis rund 2500 kW sind Getriebe-Turbogeneratoren erheblich billiger, teilweise außerdem im Wirkungsgrad besser als direkt gekuppelte Kondensationsturbinensätze (Bild 14); hierzu trägt auch der Umstand bei, daß die Drehstromgeneratoren für Getriebesätze mit 1000 bis 1500 U/min und ausgeprägten Polen erheblich billiger hergestellt werden können als die Generatoren mit 3000 U/min und Volltrommel - Läufern für direkte Kupplung (Bild 17). Das kleine Dampfvolumen in dem untersuchten Leistungsgebiet führt zu einer Begrenzung des höchsten zulässigen Turbinen-Frischdampfdruckes in Abhängigkeit vom Durchmesser der ersten Turbinenstufe (Bild 19). Die Gesamtanlagekosten des Kraftwerkes werden dagegen nur wenig von dem gewählten Dampfdruck beeinflußt. (Zahlentafel XXIV). Eine bloße Wirtschaftlichkeitsrechnung wird daher in dem untersuchten Bereich fast stets eine möglichst große Steigerung des Frischdampfdruckes ratsam erscheinen lassen. Betriebliche Gesichtspunkte und damit auch das Aufstellungsland des Kraftwerkes werden für die tatsächliche Wahl ausschlaggebend sein. Zwischenüberhitzung scheidet für die untersuchten Anlagen aus und damit Drücke über 40 atü; bei Aufstellung von Flammrohr- oder Lokomobilkesseln liegt die Grenze des Kesseldruckes schon bei rd. 16 atü. Mit dem Druck steigt die Empfindlichkeit der Kessel gegen schlechtes Speisewasser, und es sinkt ihre Speicherfähigkeit. Im allgemeinen wird man bei Kondensationsturbinen bis 500 kW nicht über 15 atü, bis 1 000 kW nicht über 20 atü, bis 3 000 kW nicht über 25 atü und bis 5 000 kW nicht über 30 atü hinausgehen. Bei ungeschultem Bedienungspersonal bezw. sehr billigem Brennstoff oder niedrigem Ausnutzungsfaktor wird man noch niedrigere Druckgrenzen einhalten.

Die besonderen durch kleine Dampfvolumina bedingten Konstruktionsgesetze (Bild 19, 20 und 23) können zur Entwicklung einer Typenreihe von Getriebeturbinen ausgewertet werden (Bild 25).

Durch die Entwicklung und Betriebsbewährung der Getriebeturbinen haben sich die Anwendungsgrenzen von Dampfturbinen und Dampfmaschinen hinsichtlich Anschaffungskosten (Bild 28) wie Dampfverbrauch (Bild 29) zugunsten der Dampfturbine verschoben, so daß bereits ab rd. 300 kW die Dampfturbine eindeutig überlegen ist, während bei besonderen Betriebsbedingungen, insbesondere bei kaltem Kondensatorkühlwasser, die Turbine bereits bei wesentlich niedrigeren Leistungen wirtschaftlicher wird (Bild 29).

In Ausnahmefällen, bei besonders gutem Ausnutzungsfaktor, hohem Frischdampfdruck und Leistungen unter 1000 kW kann die Anordnung einer Dampfmaschine für den Hochdruckteil mit nachgeschalteter Abdampfturbine und Zwischengetriebe trotz der hohen Anschaffungskosten infolge des dadurch erreichbaren günstigen Dampfverbrauches auch für Landanlagen wirtschaftlich sein (Abschnitt II, Teil B 3).

Bei Turbinenleistungen unter 300 kW kann der Gesamtpreis von Turbogeneratoren in dem durch Bild 32 dargestellten Umfang durch Wahl einer Mischkondensation anstelle einer Oberflächenkondensation gesenkt werden. Eine Wirtschaftlichkeit für die Gesamtanlage ergibt sich allerdings nur, wenn gutes Rohwasser zur Kesselspeisung zur Verfügung steht, da anderenfalls die Kosten der Speisewasseraufbereitung die Ersparnisse an der Kondensation überwiegen (Bild 46).

Die Ermittlung der Anschaffungskosten und des Raumbedarfes der verschiedenen in reihenmäßiger Bauart verfügbaren Dampfkesselarten bei Kesseldrücken zwischen 10 und 40 atü und Dampfleistungen bis 30 t/h (Bild 35—37, 39) gibt die Grundlage für die Planung der Unterteilung und räumlichen Anordnung der Kesselhausausrüstung (Bild 49).

Die Steigerung des Wirkungsgrades und der Kesselleistung durch Anordnung von Kohlenstaub-Einzelmühlen bei Flammrohrkesseln ergibt für diese Kesselart günstige Voraussetzungen für die Wirtschaftlichkeit von Kohlenstaubfeuerungen (Zahlentafel XVIII).

Die Verbesserung des thermischen Wirkungsgrades der Dampfturbinenanlage durch Vorwärmung des Kesselspeisewassers mittels Turbinenanzapfdampf (Bild 42) wird in ihrer Wirtschaftlichkeit für die Gesamtanlage beeinträchtigt durch die erforderliche Steigerung der Kesselleistung (Bild 43) und das Anwachsen der Kosten der Rauchgasvorwärmer (Bild 44).

Verdampfer können auch bei den betrachteten Kraftwerken kleiner Leistung für die Aufbereitung des Kesselspeisezusatzwassers wirtschaftlich sein, wenn sie zweckmäßig in den Wärmekreislauf der Gesamtanlage eingeführt werden. Insbesondere ist die Ausbildung des Brüdenkondensators als Entgaser für die gesamte Speisewassermenge möglich, während bei chemischen Speisewasseraufbereitungsanlagen eine zusätzliche Anlage für Entgasung des Kesselspeisewassers erforderlich ist (Bild 46).

Die Darstellung der Kosten und des Raumbedarfes der verschiedenen Arten von Rückkühlanlagen (Bild 47 und Zahlentafel XXI) ermöglicht bei Fehlen von Frischwasser für die Kühlwasserversorgung die Anpassung der erforderlichen Rückkühlanlage an die jeweiligen Raumverhältnisse und Arbeitsbedingungen.

Diese Ermittlungen über die wirtschaftlichen und technischen Grundlagen von Dampfturbinenkraftwerken kleiner und mittlerer Leistung ermöglichen für jeden einzelnen Bedarfsfall eine zweckmäßige Anpassung der Kraftwerksgestaltung an die vorliegenden Erfordernisse.

An einigen Beispielen wird diese Auswertung erläutert. Die sich ergebenden Wärmeschaltungen, Gebäudeabmessungen und ungefähren Gesamtkosten bei einfacher Ausführung werden durch Bild 48 und 49 und Zahlentafel XXIV dargestellt. Sämtliche angegebenen Kosten sind, wie bereits im Vorwort erwähnt, nur als Vergleichszahlen zu werten. Die tatsächlichen Kosten werden besonders in den Ländern, für die vornehmlich die Aufstellung kleiner Dampfkraftwerke in Frage kommt, von der Weltmarktslage, den Wettbewerbs- und Währungsverhältnissen, der Zollhöhe, den örtlichen Arbeitslöhnen und Baustoffpreisen und den Transportentfernungen bestimmt.

Trotzdem werden im allgemeinen die Kosten der einzelnen Teile der Kraftwerksausrüstung im gleichen Verhältnis zueinander stehen, so daß die Ergebnisse der Untersuchung für die Entscheidung der zweckmäßigen Kraftwerksgestaltung voll verwertbar sind.

Ein Verfahren für die überschlägige Berechnung der Stromselbstkosten und damit der Wirtschaftlichkeit wird angegeben (Bild 54 bis 57 und Zahlentafel XXV).

Zusammen mit den Ermittlungen über das technische Verhalten der verschiedenartigen in reihenmäßiger Ausführung verfügbaren Axialturbinen, Kessel und sonstigen Ausrüstungsteile sind damit die Grundlagen für die Planung von neuzeitlichen Dampfturbinenkraftwerken kleiner und mittlerer Leistung klargestellt.

Literaturverzeichnis.

A. Bücher.

1) **Baer:** Dampfturbinen und Turbokompressoren. Leipzig 1924, Teubner.
2) **Barth:** Wahl, Projektierung und Betrieb von Kraftanlagen. Berlin 1922, Springer.
3) **Buttler:** Kleine Elektrizitätswerke in wirtschaftlich schwach entwikkelten Ländern. T.H. Hannover 1933.
4) **Flügel:** Die Dampfturbinen, ihre Berechnung und Konstruktion. Leipzig 1925.
5) **Hütte,** Taschenbuch I, 25. Auflage, Abschnitt XIII: Hilliger, Schmiermittel. Berlin 1925.
6) **Hütte,** Taschenbuch II, 26. Auflage, Abschnitt IX: Schult, Wärmekraftwerke. Berlin 1931.
7) **Klingenberg:** Bau großer Elektrizitätswerke, 2. Auflage. Berlin 1924, Springer.
8) **Knoblauch, Raisch, Hausen, Koch:** Tabellen und Diagramme für Wasserdampf. München 1932, Oldenbourg.
9) **Kraft:** Die neuzeitliche Dampfturbine. 2. Auflage, Berlin 1930, VDI.
10) **Münzinger:** Dampfkraft. Berlin 1933, Springer.
11) **Schönberg-Glunk:** Landeselektrizitätswerke. München 1926, Oldenbourg.
12) **Stodola:** Gas- und Dampfturbinen. 5. Auflage, Berlin 1922, Springer.
13) **Vereinigung der Großkesselbesitzer:** Kesselbetrieb, Berlin 1931.
14) **Zinzen:** Der Einfluß der Dampftemperatur auf den Wirkungsgrad von Dampfturbinen. Berlin 1928, Springer.
15) **Werbeschriften und Preislisten** deutscher, englischer und amerikanischer Firmen und Ausschreibungsergebnisse.

B. Aufsätze.

16) **Albrecht:** Der Weg zur Vorwärmturbine. AEG-Mitteilungen 1928, S. 332.
17) **Aschner:** Small and Medium Sized Geared Turbines. AEG-Progress 1930, S. 29.
18) **Aschner:** Abdampfturbinen-Kraftwerk La Plata. Die Wärme 1934, S. 45.
19) **Baer:** Zur Frage der Erweiterung der Düsen von Dampfturbinen. Z.d.V.D.I. 1916, S. 645.
20) **Bleibtreu:** Entwurf und Baukosten neuzeitlicher Kesselanlagen. Archiv für Wärmewirtschaft 1932, S. 309.
21) **Dettmar:** Die Elektrotechnik in China. E.T.Z. 1931, S. 199.
22) **Dikof:** Die Elektrizitätswirtschaft Bulgariens im Jahre 1932. E.T.Z. 1933, S. 351.
23) **Forner:** Der Dampfverbrauch mehrstufiger Dampfturbinen. Z.d.V.D.I. 1932, S. 100.

24) **Gropp:** Bewährung von Dampfturbosätzen. Elektrizitätswirtschaft 1932, S. 155.
25) **Hoefer:** Technische und wirtschaftliche Erfahrungen im Dampfturbinenbetrieb. Zeitschrift für das gesamte Turbinenwesen 1913, S. 513 ff.
26) **Löwy:** Geometrisch ähnliche Dampfturbinen. AEG - Mitteilungen 1930, S. 49.
27) **Ludin:** Die Elektrizitätsversorgung Uruguays. E.T.Z. 1930, S. 1587.
28) Die Elektrizitätsversorgung Palästinas. E.T.Z. 1932, S. 391.
29) **Pape:** Wirkungsgrade von Dampfturbinen. Archiv f. Wärmewirtschaft 1928, S. 359.
30) **Petzall:** Südslawiens Elektrifizierung. Helios 1933, S. 96.
31) **Przygode:** Die Elektrizitätsversorgung Chinas. E.T.Z. 1934, S. 347.
32) **Schröder:** Aufbau und Entwicklung der Resolutormühle, AEG-Mitteilungen 1934, S. 167.
33) **Schult:** Grenzen in der Wahl des Dampfdruckes bei Kraftwerksanlagen. E.T.Z. 1927, S. 1067.
34) **Schwarzweber:** Die Entwicklung des Dampfturbinenbaus und seine heutige Lage. Zeitschr. f. d. gesamte Turbinenwesen 1913, S. 311 ff. und 1914 S. 17 ff.
35) Steam Savings Versus Investment. Power 1933, S. 428.
36) **v. Stritzl:** Wirtschaftliche Bemessung der Maschinengröße bei der Anlage und Erweiterung von Wärmekraftwerken. E.T.Z. 1931, S. 194.
37) **Thieme:** Kohlenstaubfeuerung für Flammrohrkessel. Die Wärme 1932, Nr. 32.

C. Statistische Angaben.

38) Statistisches Jahrbuch für das Deutsche Reich 1932.
39) Zusammenstellungen für 1930 des Reichsfachverbandes der elektrotechnischen Industrie, aufgestellt im April 1933.
40) Vierteljahrshefte zur Konjunkturforschung, herausgegeben vom Institut für Konjunkturforschung, Sonderheft 19, 1930.
41) Die Elektrizitätswirtschaft im Jahre 1931, Wirtschaft und Statistik 1933, Nr. 1.
42) The Electrician, Annual Tables of Electricity Undertakings, London 1933.
43) Mac Graw Central Station Directory, New York 1927.
44) United States Department of Commerce 1927, Central Light and Power Plants in Africa.
35) Entwicklung, Bestand und Leistungsfähigkeit der elektrischen Kraftzentralen in Argentinien. Zweite Weltkraftkonferenz, 1930, Bericht Nr. 378.
46) Betriebsdaten argentinischer Elektrizitätswerke. Zweite Weltkraftkonferenz 1930, Bericht Nr. 383.
47) Tait's Electrical Directory of Australia and New Zealand, 1929 Edition.
48) Jahrbuch der Verkehrsdirektion der Bewag 1930, S. 92, Stromverbrauch von Weltstädten.

49) Landwirtschaftsministerium Sofia, Wasserbauabteilung. Statistische Angaben über die Elektrizitätsversorgung in Bulgarien, Sofia 1929.

50) Dirección de Servicios Eléctricos, Segunda Memoria, Santiago de Chile 1927.

51) Elektrizitätsversorgung Griechenlands. Teknika Chronika 1932.

52) Associazionie Elettrotecnica Italiana, Statistica degli Impianti Elettrici in Italia 1931.

53) La Industria Electrica en Mexico, Comision Nacional de Irrigacion, Departamento Hidroelectrico, Mexico D.F. 1931.

54) Dienst voor Waterkracht en Electriciteit in Nederlandsch-Indie, Vertiende Jaarverslag 1931.

55) Statistica das Instalacoes Electricas do Portugal 1931, Direccaõ dos Serviços Electricos, Lissabon 1932.

56) The Electrical Supply of Moscow and Region during the last five years. Zweite Weltkraftkonferenz 1930, Bericht Nr. 315.

57) Developments in Electrical Constructions and Electrical Supply of the U.S.S.R. over the period from 1923 to 1929 incl. Zweite Weltkraftkonferenz 1930, Bericht Nr. 321.

58) Estadistica de las Centrales Electricas superiores a 400 k.V.A. Madrid 1932.

59) Statistische Unterlagen aus der Berufspraxis des Verfassers.

GPSR Compliance

The European Union's (EU) General Product Safety Regulation (GPSR) is a set of rules that requires consumer products to be safe and our obligations to ensure this.

If you have any concerns about our products, you can contact us on ProductSafety@springernature.com

In case Publisher is established outside the EU, the EU authorized representative is:

Springer Nature Customer Service Center GmbH
Europaplatz 3
69115 Heidelberg, Germany

Batch number: 10682411

Printed by Printforce, the Netherlands